电力物联网
概　　论

主　编　曹军威
副主编　华昊辰　郭　健　肖泽青　杨　洁
　　　　袁仲达　明阳阳　梁　宏　王同贺

中国电力出版社
CHINA ELECTRIC POWER PRESS

内 容 提 要

电力物联网的研究与应用已经成为潮流和趋势。电力物联网是能源互联网发挥基础设施、平台效应和价值创造作用的支撑。基于这样的认识,本书对电力物联网的相关技术与应用进行概述。

本书首先从宏观上介绍互联网、物联网、智能电网、能源互联网等技术的演进背景和国内外发展现状;然后分析电力物联网建设原则与要求、技术体系及应用,并从传感控制、通信网络、平台架构和应用服务四个方面阐述电力物联网总体架构;接着详细讨论电力物联网所涉及的关键技术和典型应用场景。最后,本书展望未来信息技术在电力物联网中的应用发展,并给出发展建议。

本书可供能源电力行业的从业人员使用,也可供能源电力和信息技术相关的研究生参考,同时适用于任何对新技术和未来趋势感兴趣的读者。

图书在版编目(CIP)数据

电力物联网概论 / 曹军威主编. —北京:中国电力出版社,2020.6(2023.1重印)
ISBN 978-7-5198-4342-7

Ⅰ.①电… Ⅱ.①曹… Ⅲ.①互联网络—应用—研究 ②智能技术—应用—研究
Ⅳ.① TP393.409 ② TP18

中国版本图书馆 CIP 数据核字(2020)第 029062 号

出版发行:中国电力出版社
地　　址:北京市东城区北京站西街 19 号(邮政编码 100005)
网　　址:http://www.cepp.sgcc.com.cn
责任编辑:崔素媛(010-63412392)
责任校对:黄　蓓　马　宁
装帧设计:郝晓燕
责任印制:杨晓东

印　　刷:望都天宇星书刊印刷有限公司
版　　次:2020 年 6 月第一版
印　　次:2023 年 1 月北京第二次印刷
开　　本:710 毫米 ×1000 毫米 16 开本
印　　张:12
字　　数:206 千字
定　　价:49.00 元

前　言

互联网实现人与人的通信，物联网实现万物互联。从互联网到物联网，是信息基础设施的又一次变革。互联网的成功得益于通用协议、水平互联的网架，物联网目前的发展还以专用网络和垂直应用为主，未来随着 5G 等通信技术的发展和云计算、人工智能等计算技术的提升，会逐渐发展成为通用平台。

能源电力基础设施的发展也有着类似的逻辑，尤其是近年来智能电网和能源互联网的发展，使得借鉴互联网理念自下而上构建能源基础设施成为可能。能源互联网具有典型的信息物理融合特性，未来将发展成为信息能源基础设施一体化。电力物联网的研究与应用成为潮流和趋势。

互联网的平台思维就是开放、共享、共赢的思维，能源互联网的发展也需要发挥平台效应，而这方面主要靠电力物联网来支撑。比如，以能源互联网的具体实现形式之一——综合能源服务为例，这种区域化的多能互补模式进一步增强了能源电力系统的碎片化，其中区域不同、专业领域不同、多种能源的匹配程度不同等，都使得利益的碎片化明显，难以收集长尾效益。这方面的问题不可能从能量层得到解决，只能通过电力物联网形成多个区域、多个项目的信息服务平台，在信息层做到透明并进一步优化共享，降低规模化的边际成本，形成平台效应。

电力物联网还支撑能源互联网实现价值创造。能源互联网不是为了互联而互联、为了接入而接入，能源互联网是要提供价值和增值服务，必须形成价值闭环并且创造新的价值。但最终的核心价值在哪里，如何形成价值闭环，如何成为市场上站得住脚的独立运营业务，还需要能源互联网的不同环节协调配合。价值创造的最终来源是用户，尽最大可能为用户提供好的服务，是互联网思维的核心，用户入口就意味着最终的价值导入，从用户到流量、到不断迭代、到平台思维，互联网在用户服务方面要做到极致体验的思路很值得借鉴，在这些方面能源服务的道理也一样，应该将服务从终端用能用户拓展到全产业链的用户，并与综合能源服务平台进一步整合，真正实现能源互联网从能量、信息、业务到价值的透明和统一。

因此，电力物联网是能源互联网发挥基础设施、平台效应和价值创造的支撑，本书着力概述电力物联网的技术与应用。本书第 1 章介绍了互联网、物联网、智能电网、能源互联网的发展背景和国内外现状；第 2 章重点梳理了电力物联网的总体架构，主要分传感控制、通信网络、平台架构和应用服务四个层面；第 3 章概述电力物联网相关的关键技术，包括 9 个重点方面技术的基础介绍；第 4 章描述了电力物联网的典型应用场景，包括从基础设施到商业模式和业态生态共 10 个方面；第 5 章介绍了未来技术和应用趋势，并给出未来电力物联网发展的建议。

本书的写作避免了纯粹的学术视角，而更多的是希望提供一个广泛而深入浅出的电力物联网入门级概述。本书的主要读者是能源电力行业的从业人员，在电力物联网兴起和大规模建设的初期，本书的介绍有助于理清思路并指导工作；本书还可供能源电力和信息技术专业相关的研究生阅读，有助于他们了解业界的最新发展动态，理解交叉研究的广阔空间；本书的读者其实不限于专业人员，任何对新技术和未来趋势感兴趣的读者都可以从中获益，因为我们相信能源和信息将共同构筑未来科技发展的基石。

本书由清华大学信息技术研究院能源互联网技术研究中心曹军威研究员及全体博士团队共同完成，他们是华昊辰博士、郭健博士、肖泽青博士、杨洁博士、袁仲达博士、明阳阳博士、梁宏博士、王同贺博士，他们多年来从事能源电力与信息通信控制技术的交叉研究，承担了本书的构思、整理、修改和定稿全部工作。本书在写作过程中查阅、整理和引用了能源互联网和电力物联网大量相关文献，没有前人的工作，不可能做到本书系统的梳理和介绍，在此对他们的贡献一并表示由衷的感谢。

电力物联网涉及的技术和应用内容广泛，本书的写作肯定还有遗漏和疏忽的地方，恳请广大读者批评指正。

作者

2020 年 1 月

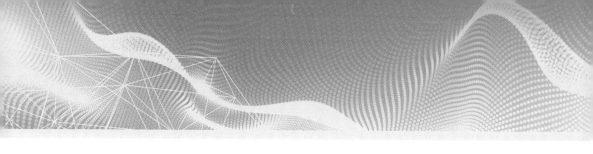

目　录

第 1 章　电力物联网背景介绍

1.1　背景与意义

当前，电能是应用最为广泛的二次能源，电网已实现了电能的远距离配送，并具备了相当规模。随着越来越多电气设备的成熟，电能将成为未来人们直接使用的主要能源形式，电力网络将是未来能源互联网的主要载体。然而，当前电网运营还存在一些问题，生产、配送与消费相互割裂，个性化消费需求和分布式能源供给还不能被很好地支持；生产、配送过分依赖预测，缺乏高效的通信通道实现实时反馈和信息共享，能源利用率还处于较低层次。此外，太阳能、风能、潮汐能及生物质能等可再生能源都具有较大的利用潜力，但是，环境因素和生产效率使得间歇性和不稳定性成为它们的共同特点，对它们的高效利用存在诸多挑战。如：太阳能受光线强度和光照时间的影响，风力和潮汐发电受地域和自身特性的影响，所生产的电能在质量和数量上都难以达到现有电网的要求。

随着现代通信、计算、网络和控制技术的发展，信息技术运用领域的不断开拓，信息与能源技术的结合已然成为一种发展的必然趋势，而这种结合也催生了一个新的概念：能源互联网，即利用先进的信息技术，提升能源管理水平，实现能源进一步的精密化调控。传统电网在能源利用效率、环保性等方面的问题比较突出。为解决这些问题，未来智能电网将改进现有电网的运行结构，基于新能源构建的大量分布式发电设施将被引入电网系统，电力的供应将多元化；同时电力终端的用电模型也将变得更加弹性。智能电网将表现出与许多分布式计算系统相类似的特性，智能电网的研究与计算网络系统的联系更加紧密，催生了能源互联网理念。

目前，飞速发展的可再生能源技术正逐步缓解人类对化石能源的依赖，欧盟、美国和中国相继分别提出到 2050 年实现可再生能源在能源供给中占 100%、80% 和 60%~70% 的目标。互联网融合多种通信模式，可以为构建未来能源系统提供了借鉴和信息支撑。信息与新能源技术为构建智能能源系统提供了必要技术储备，它们的融合有望形成以能源互联网形式供给和消费能源，支撑第三次工业革命。

1.2 互联网与物联网

1.2.1 互联网

互联网是继交通、电力等之后人类技术进步和社会发展所形成的最新的信息基础设施。其将专业化的管理同用户的便捷使用相分离，因此能够得到大规模的推广和应用。人类社会的进步往往体现在新的基础设施的形成。电子网络和计算机网络的发展由来已久，最初的电子网络（如电话网、电报网、广播网等）和后来发展的计算机局域网（如以太网等）都是垂直集成的网络，而直到互联网的出现才真正实现了水平互联，这也是互联网（Internet）一词的由来。

互联网的最大特点是以开放简洁的协议（TCP/IP）实现信息的互联互通，其技术特点跟传统的电子网络和局域网有着本质的区别，这也是其得以大规模发展的原因。互联网从一开始就是开放对等自下而上逐步发展起来的，如 IP 技术简化了网络接入设备结构，降低了设备制造成本，互联网才得以迅速扩张。互联网技术可以最终抽象为 OSI 七层模型：物理层、链路层、网络层、传输层、会话层、表示层和应用层。分层模型的最大好处是将复杂功能分解，不同层次解决不同的问题，可以根据应用的不同进行取舍，也鼓励开放实现和兼容。最终互联网的发明人获得了计算机界的诺贝尔奖——图灵奖，足见互联网意义的重大超出局域网等其他网络。

互联网应用是在互联网基础设施之上，将众多节点连接起来，这些节点指网络参与者，包括人、物、机构、平台、行业、系统等，进而衍生出层出不穷的新应用模式。它从最早的 Email 和 Web，历经搜索、Web2.0、社交网络、云计算、物联网、移动互联网的发展历程，打通了人、物、信息彼此之间的链接通道，彻底打破了信息（数据）与其他要素的紧耦合关系。比如即时通信及移动互联技术支持自媒体和自通信业务的开展，丰富的服务内容吸引越来越多的用户关注互联网，同时 Google，YouTube，Flickr 等专门网络服务使企业更加密切关注用户的需求变化，以用户体验质量（Quality of Experience，QoE）为核心的技术研发使得互联网更具有针对性和持续性；各种开源平台，如 Hadoop 平台、涉及网络协议的软件定义网络（Software Defined Networking，SDN）等和社交网络为群智（Crowdsourcing）解决问题提供了基础，为互联网持续创新提供了不竭动力。

互联网已经超越了技术范畴，成为了一种具有超强融合能力的生态环境，正以巨大的力量逐步颠覆多个传统产业的生产和经营方式。其天然具备的开放、平等、透明等特性使得信息（数据）在工业社会中的巨大潜力爆发出来。

1.2.2　物联网

1995 年，比尔·盖茨在《未来之路》一书中首次提到物物互联。物联网（Internet of Things，缩写为 IoT）的概念由 MIT 的 Kevin Ashton 在 1998 年首次提及，他指出将 RFID 技术和其他传感器技术应用到日常物品中构造一个物联网。紧接着的第二年由 Kevin Ashton 带头建立的 Auto-ID center 对物联网的应用进行了更为清晰的描述：依靠全球 RFID 标签无线接入互联网，使得从剃须刀到欧元纸币再到汽车轮胎等数百万计的物品能够被持续地跟踪和审计[1]。它的核心概念实际上是实现基础数据连接的下沉。海量小数据智能连接就能实现无处不在的感知。2005 年，国际电信联盟发布《ITU 互联网报告 2005：物联网》，物联网概念被正式提出。2009 年 8 月，时任温家宝总理在无锡提出"感知中国"，开启了中国物联网发展之路。

物联网技术虽然在电网有着广阔的应用和前景，但也面临一些发展问题。从技术上来看，感知层的传感器数据准确性、传感器在复杂环境下的故障率、数据传输的及时性、无线传输的安全性等都是亟待解决的问题。受到可靠性、成本、原有管理制度等多种因素的制约，物联网产业一直推进缓慢。近年来，随着技术的进步，水平互联的物联网逐渐引起重视。5G 等通信手段的提升和数据中心等计算能力的提升使得无所不在的物联接入成为可能，万物互联的时代前景可期。

各国在建设现代电网的过程中都用到了物联网，但对其应用的侧重点则各有不同。在欧洲，提升供电安全性、节能减排、发展低碳经济是各国积极发展智能电网的主要原因，在这种驱动力下，欧洲电力行业对物联网的应用更倾向于清洁能源和环保方向；在日本，可再生能源接入、节能降耗和需求响应是日本发展智能电网的主要驱动力，日本电力行业对于物联网的应用主要在于对新能源发电监控和预测、智能电能表计量、微电网系统监控等领域；在中国，物联网技术为提高电网效率、供电可靠性提供了技术支撑，RFID 技术、各类传感器、定位技术、

3

图像获取技术等使仓库管理、变电站监控、抢修定位与调度、巡检定位、故障识别等业务实现灵活、高效、可靠的智能化应用。

1.3 智能电网与能源互联网

1.3.1 智能电网

我国从 2008 年开始发展智能电网。智能电网，通常指将现代信息系统融入传统电网构成的新电网系统。从而使电网具有更好的可控性和可观性，解决传统电力系统能源利用率低、互动性差、安全稳定分析困难等问题；同时基于能量流的实时调控，便于分布式新能源发电、分布式储能系统的接入和使用。

传统电力系统目前面临着一系列问题，如峰值使用时的"电荒"、信息获取不及时造成的设备利用率低。在这种背景下智能电网技术应运而生。智能电网主要是在保证电网安全、稳定和可靠性的同时提高设备利用率。由于电网系统高度耦合，调度控制不当，单一故障可引发连锁故障，甚至引起大面积停电事故和设备损坏，从而导致不可估量的直接和间接损失，故电网系统对于可靠性的要求非常高。智能电网的智能调度就是要在保证安全可靠的基础上解决广域信息的采集、传递、分析和处理问题。

电网的基本特征是发电与用电的平衡。从终端用户的角度讲，用户可以通过智能电力终端获取到电网的运行参数（比如电力的成本、自己各种设备的用电量），从而对自己的电力使用情况进行调整。而对于电网系统来说，则可以根据用电设备的用电信息构建精确的负荷模型，有效地提高供电效率。传统电网的建设基于发—输—变—配—用的单向思维，大量冗余造成浪费，智能电网基于实时性较高（如几十毫秒级）的测量通信系统，可以通过实时控制来达到发电负荷平衡，从而可以减少热备用并且提高系统的稳定性。

智能电网需要解决传统电网信息系统在信息采集、传输、处理和共享等多方面的瓶颈，而这些问题的解决则依赖于正在逐渐发展的物联网技术。物联网的核心技术涵盖从传感器网络至上层应用系统之间的物理状态感知、信息表示、信息传输和信息处理，在智能电网信息系统体系中的通信、安全及上层应用等各方面将起到重要作用：传感器网络技术可用于智能电能表等电网终端通信设备的数据采集和信息获取；实时和安全通信技术可用于电网运行参数的传输，实现电网运维数据和发电负荷数据的实时传递；数据存储和信息表示技术可用于电网海量数据的存储、管理、查询和组织；数据分布式处理和任务调度技术可用于电力系统安全稳定性分析、新能源接入后的能量流实时调配。物联网技术的发展使得电力系统从一个相对封闭自给的控制系统融入计算机数字环境中，在提高电网稳定性的同时，使得风能、太阳能等新能源方便地融入智能电网信息系统，统一进行规划与调度。

1.3.2　能源互联网

智能电网基本是现有电网架构下的信息化、智能化，能源互联网是借鉴互联网理念构架的新型电网，其中的能量交换和路由等特征有别于一般意义下的智能电网。能源形式多种多样，电能仅仅是能源的一种，但电能在能源传输效率和终端转换等方面具有无法比拟的综合优势，在考虑互联问题时以电网为主。能源互联网是采取自下而上、分散自治协同管理的模式，与目前集中大电网模式相辅相成，符合电网发展集中与分布相结合的大趋势。

2004 年 3 月，《经济学人》杂志刊登了题目为 "Building the Energy Internet" 的关于能源互联网文章，从反思 2003 年美加大停电开始，探索借鉴互联网构建方法，形成分布式可再生能源互联网的可能性。2008 年，《世界是平的》一书的作者、三度普利策奖得主托马斯·弗里德曼在其后续的《世界又热又平又挤》第十章专门讨论能源互联网。直到杰里米·里夫金在其《第三次工业革命》一书中再次将能源互联网作为第三次工业革命的重要标志。

我国学术界早在 2012 年就由中国科学院发起主办了中国首届能源互联网论坛，包括来自清华大学、国防科技大学、中国电力科学研究院等单位的专家学者共同探讨了能源互联网理念和实践。2013 年底，国家电网公司在《智能电网与第三次工业革命》中提出了 "智能电网承载并推动第三次工业革命" 的观点，集中阐述了以电为中心，围绕更清洁更经济的发电、更安全更高效的配置、更便捷更可靠的用电，构建 "网架坚强、广泛互联、高度智能、开放互动" 的能源互联网。

能源互联网是以互联网理念构建的新型信息—能源融合的 "广域网"，它以大电网为 "主干网"，以微电网、分布式能源、智能小区等为 "局域网"，以开放对等的信息—能源一体化架构真正实现能源的双向按需传输和动态平衡使用，因此可以最大限度地适应新能源的接入。能源互联网是以电力为核心，能源与信息深度融合、互联互动的新一代智慧网络，与智能电网在网络架构的优化设计、多种清洁能源的高效利用、数据信息的优化管理和创新业务的友好互动等方面有着显著的区别。能源互联网旨在实现可再生能源高效利用，满足日益增长的能源需求和减少能源利用过程中对环境造成的破坏，分布式能源供应和共享是其主要特征，调动各能源单元的主观能动，形成具有自我服务、自我维护和自我更新的生态环境[2]。

根据能源互联网"局域消纳在先，广域互联在后"的需要，局域能源互联网从网络架构角度，分为就地保护层、分布自治层、集中优化层和共同支撑应用层面的服务聚合层。其中，就地保护层主要是分布式光伏、分布式风电及家用储能装置的即插即用，电动汽车的充放电管理，负载的需求响应和设备的就地保护控制。分布自治层主要是通过比如能量交换机对设备模型自动辨识，主动跟踪电网电压和频率变化，自适应改变自身输出的功率，平滑系统电压和频率波动，完成微电网内部电能交换和管理，实现能源就地消纳。集中优化层主要是通过比如能量路由器对各能源交换机进行网络自动寻址和模型识别，进行风险状态评估、潮流优化控制和辅助分析，完成微电网之间的能量交换和管理；服务聚合层采用"互联网+"技术，实现综合能源服务、动态电价发布、实时竞价交易、运营效益评估、设备状态评估和用户互动服务。

能源互联网必然要具有对能量流控制和信息流融合的能力，利用信息通道及时反馈能量流状态，根据信息流反馈及时调整对能量流的控制，实现信息能源一体化是能源互联网的发展趋势。按照能源互联网的愿景，通信系统承担信息采集、信息传输和信息处理业务，信息及时采集、优化处理和有用信息及时准确到达是其必须具备的能力。

能源互联网旨在提供便捷的能源接入和消费平台，构建能源传输网络和设计优化调度方案是亟待解决的问题。因此，无论从经济角度，还是从技术实现角度，充分利用现有的电网基础设施是必须考虑的因素。借鉴上述成果，我们认为以大电网为能源传输骨干通道，通过设计恰当的能源信息一体化交换和路由设备，采用递增式的方式自下而上构建能源基础设施是可行方法。

能源互联网旨在实现更广泛能源的利用与分享，能源技术、控制技术和信息技术为其提供了良好的技术支持，在分析互联网成功经验的基础上，我们认为开放、可扩展、可控制连接交换设备的实现是推动能源互联网普及的直接力量。能源互联网实现需要信息技术与能源技术的融合，其成功运营还需要能源生产、能源调节、能源存储，以及用能激励策略等多方面支撑，在诸如运营模式、政策体制、产业化路径、标准协议、安全监管、经济性分析等方面仍需深入研究。

1.4 电力物联网与信息通信技术

借助于物联网技术的发展，能源互联网系统将向着扁平化、分散式区域控制，以及以能量为中心的网络等方向发展，实现人与人、人与机器之间的通信，实现人与物、物与物之间的广泛互联[3-7]。能源互联网通过分布式采集和使用的交互形式，结合互联网平台技术，实现能源互联和公众对能源的共享[8]。电能属于二次能源，其发电和用电可以不受距离的影响，瞬时完成能量的传输，实现对能源的实时使用。而其他主要一次能源只能以分散的形式进行运输和使用，其清洁性、安全性和传输效率远不如电能。鉴于电能的清洁性、安全性和传输效率优势，未来的能源系统将以电力承载为最终形态，能源互联网也主要通过电力物联网的形态体现。

1.4.1 电力物联网对信息通信能力的需求和特点

为了满足能源互联网的发展建设需求，电力物联网对信息通信能力的需求可总结为以下 5 个方面[9]。

（1）多样的信息采集能力和灵活的网络接入能力。分布式能源以多种形式接入电网，需要适应不同环境的信息采集方式和网络通信方式，灵活的网络接入可以保障已有网络的稳定运行。从另一角度看，多种网络接入方式可便于广大用户随时随地参与到能源交易中。

（2）高速可靠的网络传输能力和海量信息存储能力。电力物联网的发展必然带来海量数据，而高速可靠的网络传输能力可以实现局域内部信息共享和广域信息实时交互，海量信息存储能力可以保障数据资源的全面和完整。

（3）高效的数据处理能力和规范的业务处理能力。电力物联网同样将面临数据洪流问题，高效的数据处理能力可以实现数据有效筛选与管理，规范的业务处理能力能够保障企业标准化高效运作，为用户提供更优质的服务。

（4）智能的数据分析和决策能力。电力物联网的主要目标是实现能源网络内部和之间的能源合理配置，实现绿色高效，而智能分析与决策能力将是实现这一目标的关键。

（5）强大的网络和信息安全保障能力。能源安全、电力交易等关系到国家稳定和广大用户的切身利益，工控安全、网络安全和信息安全是能源互联网建设必不可少的环节。面向未来能源互联网的构建，须建设开放、智能、互动、可信的下一代电力信息通信基础设施，实现信息通信从内部支撑电网业务为主，到"对内支撑业务，对外服务大众"并重的转变。

信息通信技术已经成为现代工业信息化、智能化发展的关键要素。基于电力物联网对信息通信技术的上述需求，支撑电力物联网的信息通信技术需具备以下特点。

（1）开放互联。能源互联网需要实现开放性，保证可再生能源、储能以及用能装置的"即插即用"，实现产能与用能实体的灵活接入和实时平衡，完成区域到广域的能源互联，这需要跨能源域、多种形式能源实体的互联协议的支持。

（2）对等分享。与传统电网自顶向下的树状结构相比，能源互联网的形成是自下而上能源自治单元之间的对等互联。在电力物联网架构体系中，所有能源实体都以对等的形式存在，并且动态互为备用。电力物联网需要实现对能源互联网这一特性的良好支撑，实现较强的灵活性并保证足够的冗余和可靠性。借鉴互联网的信息分享机制，电力物联网可以实现不同子网、区域关键信息的共享，从而支撑跨域能源调度与管理。

（3）智能高效。电力物联网的智能性突出体现在多种能源的协同传输与控制、用户与能源基础设施平台的互动操作以及电力物联网的智能化认知体系。而电力物联网的高效性则体现在能源接入与能源网络架构的灵活高效设计、能源储存转发和调度的高效响应机制、电力物联网状态分析与决策的快速计算能力等方面。

以电网为核心的能源互联网是能源与信息深度融合的复杂系统，未来电网在能源传输、能源接入和控制、能源消费等领域将发生深刻的变革，而电力物联网的建设则是这次变革中的催化剂和支撑器。

电力物联网在能源互联网中的作用类似于人体高度发达的智慧系统，自上而下分别是决策分析层、采集监控层、流程作业层和公共基础资源层，还有充当免疫系统的网络与信息安全层。其中最高层的"决策分析层"类似于人体的"大脑"，通过接收来自电网全身各处传入的信息，采用大数据、模式识别、人工智能等先进信息技术进行信息加工、协调和处理，成为协调电网整体行动的决策信号，或者存储在大脑内成为电网学习、记忆和"思考"的神经基础；"采集监控层"类似于人体的"感觉"系统，通过对电网相关设备、线路状态进行在线的数字化采集，时刻感知智能电网各环节的各种状态，实现各环节重要运行参数在线监测和控制，同时在大脑（决策分析层）的控制下完成对外部的一切反映；"流程作业层"类似于人体的"神经"系统，将电网末梢（采集监控层）感知、收集的一切外部信息在基本的作业和流程层面进行处理、加工和反馈，实现对系统或设备的高效管理、控制，此外，该层还将处理后的部分信息汇聚到神经中枢，起着承上启下的作用；"公共基础资源层"类似于人体强健的肌体，支撑上述各层功能的基本实现，包括实现各类数据安全传输通信信息网络、各类数据存储和处理的数据中心以及实现各类数据展现的企业门户等，其中，网架坚强、广泛覆盖的信息通信网络是支撑未来电网信息可靠传输的基本要素。"网络与信息安全层"类似于人体强大的免疫系统，是电网的重要支撑系统，贯穿电网各个生产环节，通过"攻（攻击）""防（防范）""测（检测）""控（控制）""管（管理）"等措施，实现全方位的信息通信安全保障。

1.4.2　电力物联网的信息通信关键技术

能源互联网信息通信总目标是通过广泛应用云计算、大数据等最新信息技术，建设信息高度共享、业务深度协同、用户灵活互动、覆盖面更广、集成度更高、实用性更强、安全性更好的一体化信息通信系统，构建"大平台、微应用、多场景"，贯穿电网各环节，实现生产控制、经营管理、市场服务三大领域的业务与信息化的融合，打造经营决策智能分析、管理控制智能处理、业务操作智能作业的 3 层智能决策，实现电力流、信息流、业务流"三流合一"，全面支撑能源互联网发展。

以下将结合能源互联网信息通信体系架构，从采集监控类、流程作业类、分析决策类、基础资源类、安全保障类、支撑体系类共六个方面介绍电力物联网中的信息通信关键技术。

1．采集监控类

采集监控是能源互联网运行的基础，采集监控结果的实时性、精确性和完整性决定了能源互联网的整体性能。采集监控类包含标识技术、传感技术、信息集中技术和现场控制技术。

（1）标识技术。标识技术包括 RFID（射频识别）、二维码、三维码、生物特征识别（虹膜、指纹）等，其中 RFID 技术在电力系统应用最为广泛。利用

RFID 技术结合定位技术，可以实现智能电网中的资产管理和远程信息管理系统的构建[10-12]。同时，在电力线路上实现 RFID 技术也有人提出[13]。能源互联网中，人与设备或设备与设备之间的通信必不可少，随着技术的发展，RFID 标识技术将与传感技术等相融合，实现标识、传感、控制的一体化，其感知距离和准确度也将大幅提高。

（2）传感技术。传感功能一般通过使用嵌入式传感器（或传感器网络），对电网内主要设备、线路和环境进行监测或控制，采集设备的状态量、电气量或量测量。用于电力的物联网传感器网络已经被广泛研究，包括信息模型及其应用[14]，可以帮助数据包避开拥塞区域的路由协议[15]，及其网络的安全性问题[16]。基于传感器网络，用于电网需求侧能量管理的网页服务也被提出，可以为智能家居节省能源[17]。传感是智能感知和智能量测的基础，在能源互联网中将得到广泛应用。传感设备将向着网络通信自组织化、高带宽利用率、受环境影响小、能源自供给等方面发展。

（3）信息集中技术。为了合理利用网络频谱资源和时间资源，减少传输开销，本地信息集中技术具有重要意义。考虑集中器的影响，有研究团队对电网的智能测量基础设施的性能估计进行了仿真研究[18]，上传数据在本地集中。另外，不同等级的数据集中对远程监控和控制系统的性能也存在影响，如端到端通信时延[19]。由于能源互联网所收集的数据量巨大，且存在着噪声和丢失，因此数据集中将是一项很有价值的工作。未来的数据集中将着重于提高本地信息处理性能和效率、降噪、提取本质特性数据等方面。

（4）现场控制技术。利用电力网络通信，可以对相关设备进行自动化现场控制，主要控制设备包括变送器、保护装置、继电保护和自动化设备等。受控设备可以及时接收网络故障定位结果，自动实现故障隔离，保护相关设备。智能功率管理系统可以实现对无人子站的完全自动控制[20]。而且，智能系统控制与智能电网之间存在相互促进作用[21]。有文献提出将扩展智能量测基础设施用于分布式自动化的概念，并介绍了标准化体系结构[22]。自动化现场控制在能源互联网中显得更加重要，因其需要支持分布式能源的大规模接入和保证网络运行的平稳性。现场控制系统将向着信息网络全覆盖、完全自动化和通信低时延保证等方向发展。

2．流程作业类

为了支撑能源互联网业务流转、系统集成、数据交换，需要研究能源互联网流程作业类技术。流程作业主要包括企业流程管理与业务重组（BPM/BPR）、授权与身份认证、数据交换。

（1）企业流程管理与业务重组。信息通信在 BPM/BPR 中应用主要是提供企业流程平台、企业流程监控工具、流程辅助分析和监控工具，以流程化的方式、以业务主线为线索对各个相关业务应用进行横向、纵向集成，实现业务流程闭环管理。面对能源互联网需求，需要研究流程工具如何支持能源互联网能源流、物流、资金流、信息流流程闭环管理[23, 24]，研究相关流程管理、流程监控、流程分析等工具，研究云计算、大数据、物联网、移动信息化等技术应用和企业业务流程和管理的相互作用。

（2）授权与身份认证。认证和授权决定了谁能够访问业务系统，能访问业务系统中的何种资源以及如何访问这些资源与授权是成熟的技术[25]。典型的安全认证包括：口令认证机制、数字证书认证机制、基于生物特征的认证等。授权技术包括授权管理基础设施和基于角色的访问控制等。在能源互联网的环境下，将开展基于可信计算的互联网交互终端可信认证模型研究，构建互联网交互终端可信认证框架。同时，可以采用基于角色的访问控制来实现对用户权限的管理，防止未经授权的非法访问，实现统一认证、统一授权、统一目录管理。

（3）数据交换。数据交换广泛应用在能源行业，主要功能包括：即时数据交换、批量数据交换、数据库同步复制、数据转换整合、规范化数据集成、监控管理等[26, 27]。在能源互联网应用下需要研究广域、多源、大数据量数据交换技术以及数据库复制技术。研究分布式、集中式、跨域、级联相结合的数据交换技术，满足新能源接入、电能替代、节能环保要求。针对未来智能电网终端接入广泛互联、信息应用开放互动、分析决策高度智能等变化，研究相关数据交换技术。

3．分析决策类

随着电力信息系统的飞速发展和电力数据的快速增长，为了支撑能源互联网及时可靠准确进行分析决策，需要研究模式识别、数据挖掘、智能化分析预测等方面的技术。

（1）数据挖掘。数据挖掘[28]是指从大量的数据中通过算法搜索隐藏于其中信息的过程。电力行业信息化和工业化融合发展促使电力数据迅速增长和不断融合，电力大数据时代已经到来。在电网中迅速积累了大量的电网运行数据，这就需要对大数据进行分析，通过对电力大数据复杂关联特征分析需求，实现数据价值的深度挖掘。大数据分析的理论核心就是数据挖掘算法，通过对电力海量数据进行处理，促进电力大数据在电力生产和企业经营管理中的应用，更好地服务节能减排、服务经济社会发展、服务资源节约型和环境友好型企业建设。

（2）人工智能。应用于电力系统的人工智能技术被广泛地应用于求解非线性问题，较之于传统方法有着不可替代的优势。目前，国内外已开发了多种人工智能工具，并开展了在电力系统中的应用和研究[29, 30]。能源互联网未来将能够具备自我学习、自我进化的能力，智能的发电、用电、储能设备通过互联网广泛地接入能源互联网平台，各类终端之间将具备自我对话的能力，通过先进的算法和工具实现机器智能学习功能，使能源终端和策略自动更新优化，提高能源互联网的智能化水平。

（3）智能化分析预测。智能化分析预测技术在电力系统的应用与研究主要集中在电力负荷主成分分析、确定影响电力负荷的主要因素、负荷预测建模以及负荷预测算法[31]。无论能源互联网形态是微网还是广域网，灵活的能源调度与自治管理都需要智能化分析预测技术作为支撑，这种分析可以分为短期、中期和长期三阶段，同时可以充分考虑天气、人口分布、能源形态与分布等多因素，从而为能源的生产、配置与消费决策提供前期支撑。

4．基础资源类

作为支撑底层数据的可靠有效传输、各类业务正常运行和智能决策的快速部署，基础资源类技术是构建能源互联网至关重要的部分。基础资源主要包括网络资源、计算资源、存储资源和数据资源四个方面。

（1）网络资源。为支撑能源互联网的建设，需要加强多项通信网络技术的研究与应用，包括光纤、无线、可见光、电力线载波和卫星等物理层通信技术，以及下一代互联网、SDX 等网络技术。首先，现有远 / 短距、公 / 局域网无线通信技术在用电信息采集、配用电自动化等方面已有较为广泛的应用[32]。5G 技术将凭借其超高的频谱利用率，从无线覆盖性能、传输时延、系统安全和用户体验多个方面满足能源互联网不同应用需求，此外，基于 IEEE802.15 协议的高能效通信方式将受到进一步关注[33]。第二，目前我国电力一级骨干网已经全面支持 IPv6 协议，取得了显著的下一代互联网科研与建设成效[34]。寻求新型网络体系架构的基础理论研究一直得到国内外相关机构的高度重视，美国的 GENI 计划[35]和欧盟的 FIRE 计划[36]就是典型代表。能源互联网会带来海量的智能设备与物联网终端，因此 IPv6 技术是能源互联网发展的必然选择。与此同时，兼具智能、互动、灵活等特征的智慧标识网络、信息中心网络（ICN）等突破创新型架构研究也势在必行，以适应不断变化的能源互联网业务需求。第三，软件定义架构（SDX）是一种从技术层面向应用层面回归的体系架构。在国际上，南加州大学的 Goodney，A. 提出了基于 SDN 技术的相量测量方案[37]；Dorsch，N. 给出了智能电网下 SDN 技术应用方案，并分析了技术优势与面临的挑战[38]。如何实现能源互联网中不同设备的统一管控，从更全的视角观察网络运行状况，并作出及时的决策与指令下发，SDX 架构提供了有效的解决思路。

（2）计算资源。流计算、内存计算、并行计算和以此为基础的云计算平台将组成能源互联网的基础计算资源。能源互联网的构建强调物理世界与信息世界的融合，如何充分利用流计算实时处理大量流数据，利用内存计算和并行计算提升数据处理效率，将网络感知到的环境数据及时转变成有价值的信息，从而为生产生活创造更大收益将成为能源互联网企业占领信息制高点的关键。云计算平台是一种提供可用的、便捷的、按需的网络访问平台，形成可配置的计算资源共享池（资源包括网络、服务器、存储、应用软件、服务），这些资源能够被快速提供，也可以称为云资源平台。云计算资源管理平台已经在电力系统灾备中心进行实际应用，解决了灾备中心面临的问题，并使灾备业务由原来的手工操作模式转变为具备 IT 支撑的流程化自动化模式[39, 40]。能源互联网需要建立能源与数据的云资源平台，以供区域内和跨区所有相关资源的共享，将成为能源互联网构建的重要基础设施支撑，不仅包含计算资源，还包括存储资源、数据资源和软件资源等。

（3）数据资源。能源互联网的数据资源主要来源于大数据平台。大数据平台技术关注传统计算理论及技术在高性能要求和大数据环境下的技术革新、应用迁移和效能提升。国外相关技术与业务发展集中在数据存储、处理和分析核心领域[41, 42]，已形成成熟开源或商业框架及产品，拥有较为完善的生态圈，在智能电网配用电领域的分布式能源接入、需求侧响应、实时电价管理等方面已有成熟应用案例，国内相关技术研发以互联网企业为主，也集中在数据存储处理分析等核心领域。能源互联网中信息伴随能源流动，形成广域分布的全领域数据应用环境，面对海量数据层层汇集、高速交换所带来的挑战，运用大数据技术可增强信息跨域集成、数据多级计算以及智能化分析能力，满足能源互联网多层次异构及协同数据处理和复杂关联分析的需求。

（4）存储资源。能源互联网将实现分布式能源与大规模能源的协调发展，而其信息存储也将呈现集中式与分布式共存现象。在电力大数据的平台构建和部署应用中，充分考虑了分布式技术的作用。为了提供更高的存储效率，G.Dimakis 在文献 [43] 中给出了基于网络编码技术的分布式存储系统和分布式存储解决方案[44]，以减少 P2P 分布式系统的带宽和存储开销。文献 [45] 给出了电力企业核心业务数据存储方案的典型分析与设计。分布式存储与集中式存储协调共存将为能源互联网云计算和大数据平台的构建提供强大的基础技术支撑，而网络编码和虚拟化技术与之结合将是未来的技术发展方向。

5. 安全保障类

为了保障监测控制、流程作业、分析决策和基础资源的安全稳定运行，需要有信息通信安全的防护保障。信息通信安全包括工控系统安全、数据隐私保护和可信主动防护共三大类。

（1）工控系统安全。电力系统作为典型的工控系统面临着大量的终端和现场设备的脆弱性、通信网及规约上可能存在漏洞、采用线路搭接等手段对传输的电力控制信息进行窃听或篡改等安全威胁[46, 47]。美国国家标准技术研究院（NIST）已出台电力工控系统信息安全体系架构的标准。能源互联网环境下，我们将开展电网工控终端监测数据采集、基于规约行为分析的工控终端典型攻击检测与深度分析、现场作业安全审计与管控技术等技术研究，形成自主安全产品和装置，实现对电网工控通信协议及应用层威胁的深层次发掘与监测，提升电力工控系统安全可控水平。

（2）数据隐私保护。随着电网的智能化，数据量逐渐增加，用户的用电等敏感信息也存在安全隐患，因此能源互联网中的隐私保护是一个非常重要的问题。目前国内外尚未有专门针对电力数据隐私保护的相关研究。为了防范数据发布中的隐私泄漏问题，研究者们在许多不同的应用领域提出了相应的解决方案，例如，结合不同时间段发布的数据集或链接已发布数据集和已有额外信息，但是大量的可泄漏情况仍然存在[48, 49]。通过针对性开展能源互联网环境中的数据隐私保护方案及保护算法模型研究，如在不同的阶段采用不同的方法对隐私进行保护，最终能达到这些数据可用，同时又不泄露用户的隐私。隐私保护方案可以从数据上传、用户查询、数据发布这三个方面来考虑。

（3）可信主动防护。能源互联网的安全防护体系要做到消除共享壁垒，支持开放互动，应建立可信主动防御体系。可信技术的核心思想是在系统平台中引入一个物理的或软件的安全模块，采用密码技术建立信任根，然后建立一条由信任根、操作系统、应用程序组成的信任链，信任链中的各实体通过完整性度量机制一级认证一级，进而一级信任一级，然后把信任机制从信任根扩展到整个终端平台，从而实现整个系统安全的目标[50]。

6. 支撑体系类

能源互联网信息通信支撑体系包括信息化架构和企业公共信息模型等。

（1）信息化架构。针对能源互联网信息通信建设的实际需求，能源互联网信息化架构总体上也应按照架构管控体系进行信息化系统的建设实施。能源互联网涉及的管理对象多变、业务类型复杂、流程协作频发，需要一套行之有效的方法论将其发展战略贯彻到信息化建设中，以期保障信息化建设与能源互联网发展战略一致。信息化架构将是信息化、业务与能源互联网战略衔接的桥梁。

（2）企业公共信息模型（CIM）。公共信息模型（CIM）是电力系统领域高度抽象的一个业务模型。作为元数据模型，它涵盖了电力企业发电、输电、配电等各大系统，可以解决统一模型的问题。文献 [51] 介绍了电力企业信息化建模理论、方法和实践的全过程。文献 [52] 给出了电力企业数据中心场景下的企业公共信息模型理论及应用方法。

从技术和经济角度考虑，能源互联网是以电能作为能源承载和交换的形式，因此丰富公共信息模型的理论及其应用，对能源互联网的发展与实现将起到巨大的支撑与推进作用。

1.5　国内外发展现状

电力物联网是物联网在智能电网和能源互联网中的应用，是信息通信技术发展到一定阶段的结果，其将有效整合通信基础设施资源和电力系统基础设施资源，提高电力系统信息化水平，改善电力系统现有基础设施利用效率，为电网发、输、变、配、用电等环节提供重要技术支撑[53]。

1.5.1　美国发展情况

美国能源部于 2003 年出版了 GRID2030[54]，对未来美国电力系统的发展进行了展望和规划。美国能源部希望利用未来的数十年时间系统性地提高现有美国电力网络的运行效率，在保证电力市场高效运转的同时，实现更高的可靠性和安全性。为了实现这一目标，电力系统的调度运行需要更加迅速准确地获取能源流的运行状态，这要求电力系统和信息系统实现更紧密的结合，现有电力系统的智能化改造将不可避免。物联网技术为电力系统各个部分信息的互联互通和智能控制算法的分布式部署提供了优秀的解决方案，在智能电网技术的发展演进过程中得到了广泛应用。

美国国会于 2007 年底正式颁布《能源独立与安全法案》[55]，美国智能电网发展的相关内容被明确地列入其中。随后于 2009 年颁布的《美国恢复和再投资法》则更是计划对电力领域投入数十亿美元的资金，用于智能电网的研究和发展 [56]。位于美国科罗拉多州的波尔德市（Boulder）就是体现美国政府发展智能电网政策的典型案例。早在 2008 年，波尔德市就一马当先地开始了智能电网的建设 [57]。其智能电网建设以电力系统和信息系统的融合为核心，通过数字化传感器的广泛部署和配电网间高速通信网络的建设，利用物联网技术实现高效的双向数据共享。依托于网络中部署的电力物联网系统，部署智能算法的变电站将能够充分利用精准实时采集的系统运行数据以优化性能。同时在用户一侧，通过对居民电力系统的信息化改造，用户侧部署的风电和光伏发电系统等基础设施得到了进一步的整合。

在 2008 年，美国国家科学基金项目"未来可再生电力能源传输与管理系统"（the future renewable electric energy delivery and management system，FREEDM system）[58, 59]，提出了一种构建在可再生能源发电和分布式储能装置基础上的新型电网结构，称之为能源互联网。受到路由器这一信息系统基础设施的启发，他们提出了能源路由器（energy router）概念并进行了原型实现 [60]。通过能源路由器之间的对等交互，FREEDM 系统从电力电子技术的视角出发初步实现了能源互联网的理念。FREEDM 系统的目的是架设智能微电网，并实现智能微电网的互通互联。FREEDM 系统的能源路由器是以电力电子变压器（也称为固态变压器）为核心 [61]，通过远程可控的快速智能开关实现微电网或者线路的智能通断控制，并加之以能量管理系统。该能源路由器的功率部分实现了 7.2kV AC、10kV DC 和 120V AC、400V DC 的控制，通信模块则采用了 Zigbee、Ethernet 和 WLAN 三种模式实现能源路由器内部和能源路由器之间的通信，实现了小型的电力物联网原型。美国加利福尼亚大学伯克利分校的研究团队更关注智能电网的底层信息架构，提出"以信息为中心的能源网络"架构 [62]，以期在一个通用架构中将智能通信协议与电能传输相结合，能够实现分布式控制，以及对于价格信号或更详细可用电量的持续需求响应。以信息为中心的能源网络在配电系统之上覆盖了信息传输，遍布各种物理场所，如机房、楼宇、社区、发电孤岛和区域电网等。该研究团队构建的能源网络对电源、负荷或储能容量进行分组，构成能源子网；子网通过名为"智能电源开关（IPS）"的接口与该网络的其他部分进行交互。能源网络将其子网成员的总供需以可预测、可筹集、可调整的计划商品的形式表示，并在电源和负荷间不断进行电力交易时为双方提供通信服务。该能源网络是以互联网数据中心作为研究的案例，对深层需求响应和"随供电量调整负荷"进行研究，随后将这种智能负荷的概念扩展到数据中心之外，应用于整座楼宇乃至楼宇群。需要提及的是，该课题组正在设计可扩展能源网络模型—LoCal。LoCal 旨在研究信息传输怎样才能更好地支持能源系统，紧密集成发电、储能和用电，并开发各种规模的能源信息接口和传输协议，包括机房、楼宇设施、储能设施、楼宇和电网发电级等。这些工作为未来电力物联网的建设和发展打下了基础。通过电力物联网的部署，电力系统的各级智能控制设备将更好地感知可用电量和负荷状况，更准确地匹配电源与负荷，消纳可再生能源，实现更高水平的整体能效，并避免过度超量配置能源系统。同时，从能源互联网储能需求的角度，美国新兴能源公司 Stem[63] 开发了一款新型的智能电池。其应用场景主要面向商业建筑，通过智能化地控制电动汽车和楼宇电力系统的工作状态，实现更加智能和高效的能源管理。通过对这样的智能系统加以信息化改造，就可以将其视为能源互联网具体实现的一种典型案例。

1.5.2　欧盟发展情况

2008 年，德国联邦经济技术部与环境部提出了 E-Energy 项目，立足于 ICT 以实现未来的智能能源系统[64]。该项目提出了利用计算机技术将整个能源供应体系数字化和信息化的目标。通过电网基础设施的信息化，居民家庭内安装的多种智能电器将能够与电力系统的运行调度中心实现双向的通信和协作，从而极大地提高电力系统的智能化程度。作为面向未来的智能电力系统，它不仅要实现电力供应的稳定高效等传统需求，更重要的是通过现代化的信息和通信技术对整个能源供应体系进行系统性的优化。到 2015 年，E-Energy 会引导德国由集中发电模式逐渐过渡到集中式大型发电厂和用户侧分布式可再生能源发电共存，最终在 2020 年实现在电力系统中覆盖信息网络，并且能源网络中所有的元素可以通过互联网的信息协调工作。瑞士联邦理工学院研究团队开发的"Energy Hub"称之为能量集线器[65-68]，和能源路由器类似，这一名称来源于信息系统中的集线器的概念，同时它也被称为能量控制中心。总的来说，"Energy Hub"相当于整个系统的信息中心，它通过广泛存在于电力系统的智能电能表和先进的通信系统获取系统的运行监测数据，利用极短期的电量预测结果对系统中的各种设备进行优化控制。根据其设计，单个"Energy Hub"即可实现对一个社区乃至整个城市的覆盖。

1.5.3　日本发展情况

采用类似的技术路线，日本面向未来电力物联网的发展，研制了数字电网路由器，称之为"电力路由器"，具有统筹管理一定范围区域的电力系统的能力，并可通过电力路由器调度地区电力[69]。日本智能电网的发展和改进建立在互联网的基础之上，通过逐步重组国家电力系统，逐渐把目前同步电网细分成异步自主但相互联系的不同大小电网，把相应的"IP 地址"分配给发电机、电源转换器、风力发电场、存储系统、屋顶太阳能电池以及其他电网基础结构等。类似互联网中的信息传递，该网中能源分配由电力路由器完成，旨在使电网的运转与互联网一样。电力路由器与现有电网及能源局域网相连，可以根据相当于互联网地址的"IP 地址"识别电源及基地，由此就可进行"将 A 地区的风电送往 B 地区的电力路由器"等控制。在电网因发生灾害而停止供电时，电力路由器之间可相互调度蓄电池存储的电力，从而防止造成地区停电。

2011 年，日本成功展示了"马克一号"数字电网路由器（DGR）。DGR 通过提供异步连接、协调局域网内部以及不同局域网来管理和规范用电需求。能够根据不同需求并随着电网频率的变化适时提升或降低电压。2013 年 5 月，日本数字电网联盟设立项目公司，在肯尼亚的未通电区域开展实验。此外，位于东京都港区的 VPEC 公司开发了电力供给系统"ECO 网络"，通过电力系统自身携带的信息实现更加简洁的物联网系统，从而不需要依赖互联网实现信息传递。该网络公司通过带有蓄电池的电力路由器，统筹含有发电设备以及需求侧的一定面积的区域。电力路由器能够根据蓄电池剩余电量改变输出电力的频率。电力路由器通过邻近电力路由器发来的频率信息来判断邻近发电站所具备的电量余量，再根据这一数值差异，形成站所间自律性电力流通的机制。由于 ECO 网络中信息由电力特性体现，减少了对信息基础设施的依赖，结构较为简洁，也更具备抗灾害的能力。

1.5.4　国内发展现状

2012 年 8 月 18 日和 2013 年 9 月 25 日，由中国科学院主办的能源互联网论坛分别在长沙和北京举行。会议文集刊登在《中国科学：信息科学》2014 年 6 月期的可再生能源互联网专题[70]。能源互联网技术目前在国内引起了广泛关注，但相关研究尚处于起步阶段。从 2013 年开始，北京市科学技术委员会组织了"第三次工业革命"和"能源互联网"专家研讨会，并启动了相关软课题研究，完成了《北京能源互联网技术及产业发展研究报告》，形成详细的能源互联网调研报告和路线图，为进一步科技立项提供指南。2014 年 2 月和 6 月国家电网公司于南京和北京召开"智能电网承载第三次工业革命"研讨会，中国电力科学研究院于 2014 年 6 月启动了"能源互联网技术架构"方面的基础性、前瞻性项目研究。2014 年 2 月国家能源局也启动了中国能源互联网发展战略研究。除了清华大学，目前国内开始从事能源互联网研究的单位还包括国防科技大学[71]、天津大学[72]、中国电力科学研究院、中国科学院电工所、中国科学院声学所[73] 等。

相比能源电力完整的基础设施，目前能源互联网的信息技术还处于基础设施形成的过程中，通信（尤其是无线移动通信）和网络（尤其是互联网）的发展使得计算、存储、软件、应用的集中管理和按需使用逐渐成为可能，信息基础设施逐渐形成了以数据中心为核心，高速网络互联，并支持人（通过移动终端）和物（通过传感器和物联网）的随时随地接入的架构格局。从元计算（meta-computing）[74]、网格计算（grid computing）[75]、服务计算（services computing）[76]到如今的云计算（cloud computing）[77]，信息基础设施逐渐完善。

随着物联网的建设和分布式智能系统的兴起，新一轮的信息技术本身的基础设施化也拉开了序幕。能源互联网呈现出越来越强的信息能源基础设施深度融合的趋势。能源互联网的分散协同调度与控制更加需要在线实时动态的信息采集、传输、分析与决策的支持，主要包括电能信息采集控制系统、电能质量监测分析系统、电网能量管理系统、用户侧能量管理系统等。例如，负荷信息不全和参数不准一直是电力系统仿真分析和能量管理的重要问题，电力物联网的发展建设可以为实时动态的收集和处理海量负荷信息提供最强有力的技术支撑，同时提供智能信息处理和决策支持能力，实现电源和负荷的协调控制、电能质量控制以及其他高级能量管理功能和应用。如能够根据能源需求、市场信息和运行约束等条件实时决策，自由控制可再生能源发电与电网的能量交换；提供分级服务，通过延迟对弹性负荷的需求响应确保关键负荷的优质电力保证；对设备和负荷进行灵活调度确保系统的最优化运行等。因此能源互联网的发展与信息基础设施的融合是必然趋势。

第2章 电力物联网总体架构

电力物联网是一个实现电网基础设施、人员及所在环境识别、感知、互联与控制的网络系统。其实质是实现各种信息传感设备与通信信息资源的结合，从而形成具有自我标识、感知和智能处理的物理实体。实体之间的协同和互动，使得有关物体相互感知和反馈控制，形成一个更加系统的电力生产、生活体系。

它充分应用移动互联、人工智能等现代信息技术和先进通信技术，实现电力系统各个环节万物互联、人机交互，打造状态全面感知、信息高效处理、应用便捷灵活的电力物联网，为电网安全经济运行、提高经营绩效、改善服务质量，以及培育发展战略性新兴产业，提供强有力的数据资源支撑。

2.1 建设原则与要求

2.1.1 建设原则

电力物联网将电力用户及其设备，电网企业及其设备、发电企业及其设备、供应商及其设备，以及人和物连接起来，产生共享数据，为用户、电网、发电、供应商和政府社会服务；以电网为枢纽，发挥平台和共享作用，为全行业和更多市场主体发展创造更大机遇，提供价值服务。供应侧的坚强智能电网和需求侧的电力物联网，二者密切相关、无法割裂，长远来看将促进源—网—荷—储的协调互动，减少"三弃"，切实弥补可再生能源的发展短板[78]。因此建设电力物联网需满足以下原则：

（1）先进性。将先进的通信信息技术应用到电力物联网中，使得电力物联网的发展和建设更加科学并符合技术发展的方向，达到可持续发展的目的。能够对不同类型的用电用户进行统一化的管理，例如日常用电与企业用电，在电力物联网的运作之下，能够使双方都得到合理、标准的管理。不难看出电力物联网，是一项用户与平台的双向互动性技术，通过电力物联网能够满足不同用户的个性化需求，使得电力行业的多样性得到增强。

（2）规模性。一方面是传感器的数量多，电力物联网是电力需求侧的终端网络，它连接着千家万户，与人民的生产生活息息相关，不同类型的智能传感、计量、控制装置数十亿计，使得电力物联网中的智能终端设备的节点数量十分庞大，相应的通信网络覆盖的面积也就很大。另一方面，由于传感节点分布广泛，且每个节点都定时向上层网络发送信息，因此数据量传输巨大。

（3）安全性与可靠性。根据国家电网有限公司的要求，支撑电力生产营销业务的通信网络与外部网络要实现横向隔离，从而保证通信的安全性。由于电力物联网直接支撑电网业务，在很大程度上影响着电力系统的安全稳定运行，所以建设坚强智能电网必须要求电力物联网具有极高的安全性和可靠性。同时，电力物联网具有严格的用户身份识别、验证、鉴权制度，不同用户享受不同等级的物联网服务。所以电力物联网也是用户受限的。

（4）经济性。由于电力物联网的通信系统的造价很可观，因此通过恰当地选取合适通信方式，可以节省大笔的建设费用。如果通信方式设计得不合适，有可能会产生过高的建设投资，使得所建成的电力物联网的效益难以发挥出来。在编制电力物联网的通信系统项目预算时，不仅要考虑通信系统设备的造价，还要估算通信系统长期使用和维护的费用。

（5）开放性。电力物联网的未来是朝着智能电网的方向发展，其自动化水平将会越来越高，这要求对电力物联网通信网络的设计不仅要保证完成当前的业务，还要考虑今后业务扩展的需求，具有良好的系统开放性，方便新技术的投入和新应用的升级使用。

（6）共享性。基于物联网的智能性、便捷性，电力物联网技术可以将电力信息共享化，在电力用户的角度上，就得到了更好的便捷性服务。详细来说，电力物联网的应用，能够对不同类型的电力用户进行统一化的管理，例如日常用电与企业用电，在电力物联网的运作之下，能够使双方都得到合理、标准的管理。

（7）可扩展、易维护。对于网络中接入的设备不断地扩展，网络的复杂性也是越来越高，网络通信系统在建设过程中需要考虑到今后网络和应用服务的可扩展性与维护便利性。同时对计算资源的管理以最小化的标准单元来进行，每个标准单元被看作计算资源的一个不可再分的管理细胞，并且每个管理细胞基本保持一致。这样的标准单元不仅计算管理易于扩展，也方便了功能上的统一，更降低了管理的复杂度。

2.1.2 建设要求

电力物联网建设涉及具体传感装置、网络通信和平台应用服务[79]，针对它们的要求如下。

1．传感装置

传感装置作为智能终端设备，其通信的内容主要是实现"三遥"，即遥信、遥测和遥调。结合电网输配电监控需求，电力物联传感网络应具有以下特性。

（1）低移动性。传感器的低移动性适用于电力物联网中不移动的传感器设备、不频繁移动的传感器设备，或只在限定区域内移动的传感器设备。

（2）时间控制。传感器的时间控制特性适用于在电力物联网中预先定义的时间段内收发数据的传感器设备，避免在这些时间段外产生不必要的信令。

（3）小数据传输。电力物联网中传感器收发的数据量都比较小，小数据传输特性非常适用于电力物联网环境中的要求。

（4）优先告警。电力物联网中需要优先告警的传感器设备，例如，被盗、蓄意破坏或其他需要立即注意的情况。优先告警消息应该具有比其他优化分类更高的优先级。

（5）非频繁传输。本特性适用于电力物联网中部分非频繁传输的传感器设备（即2次数据传输之间有很长的间隔）。

（6）特别低功耗。电力物联网中特别低功耗的传感器特性会提升系统支持要求特别低功耗的传感器应用的能力。网络管理平台能够将传感器设备配置为特别低功耗模式。

（7）衰落问题。电力物联网中，由于输电线路、设备、杆塔环境内金属设备众多庞杂，会造成杆塔附近的场强分布不均匀和不稳定。

（8）强电磁场干扰。在高压输电线路、杆塔、高压走廊的环境下都存在强工频电磁场干扰和闪烙、电晕干扰，强工频电磁场会阻塞通信信道，导致链路增益降低而影响通信可靠性，闪烙、电晕干扰是散弹噪声类干扰，其在时域表现为随机窄带脉冲，在频域表现为宽带白噪声，会严重干扰各频段通信链路。

2．网络通信

对于网络通信系统而言，电力物联网中大量的传感和自动控制设备需要接入通信系统中，其流通的数据量极为庞大，对相应的通信带宽提出了很高的要求[80]。对电力数据通信网进行网络安全防范整体布局，是为了防止出现由网络安全引起的电力系统事故，保证电力系统安全可靠的运行。总体上讲，电力物联网对通信系统的要求体现在以下几个方面。

（1）可靠性高且抗电磁干扰能力强。

电力物联网的通信系统中许多设备是在户外安装的。这意味着通信系统要长时间暴露在强烈的阳光下，一些材料会加速老化。因此，电力物联网的通信系统必须设计成为能够通过常规维护就可以在上述恶劣状况下工作的系统。电力物联网的通信系统在较强的电磁干扰（EMI）下工作，这会对通信的可靠性产生很大的影响。对电磁干扰的容忍程度取决于要实现的自动化功能。例如，对于远方抄表系统，就不一定要让通信系统抵抗由于雷电和故障造成的瞬时的极强烈的电磁干扰，因为可以选择环境平静下来后的某个时刻去完成远方抄表任务。若要完成隔离故障区段以及恢复正常区域供电的功能，就必须使通信系统在电力系统故障期间也能可靠工作，能抵抗强烈的瞬间干扰。能够跨过故障区和停电区域保持通信，是对通信系统可靠性的一项基本要求。

（2）通信带宽。

任何通信系统的带宽都是有限的，带宽越窄通信速率越低。在建设通信系统时，不仅要满足目前的通信速率要求，还要考虑到今后发展的需要。电力物联网对带宽的要求是越大越好，但针对具体应用的要求不同，比如600bit/s或以上的通信速率就能满足配电网调度自动化系统的大部分功能要求。从功能的角度分析，在电力物联网中，进线监视、10kV开关站、配电站监控和馈线自动化（FA）对于通信速率的要求最高，公用配变电的巡检和负荷监控系统、远方抄表和计费自动化对于通信速率的要求较低；从电力物联网结构的角度分析，集结了大量数据的主干线对通信速率的要求，要远高于分支线对通信速率的要求。在选择通信方式之前，应当先估算电力物联网所需要的通信速率，应考虑到最坏的情形，并根据需要恰当选取合适的通信方式和通信网络组织形式。此外，在设计上应留有足够的频带，以满足今后发展的需要。

（3）双向通信能力及可扩展性。

电力物联网的大多数功能要求双向通信。先进的负荷控制系统可以发送伴随着地址的投运或退运命令，从而可以对被控制对象的独立负荷或成组负荷分别进行控制。对于故障区段隔离和恢复正常区域供电的功能，则必须要求有双向通信能力的信道。在这种情况下，位于远方的终端设备（例如柱上FTU）必须能向控制中心上报故障信息以便确定故障区段，控制中心必须能够向远方设备发布控制命令，以隔离故障区段和恢复正常区域供电。

（4）建立备用通信通道。

电力物联网的主干通信线路由于集结了大量分散站点的信息而非常重要。主干通信线路一旦故障，将会导致一大片区域的电力物联网设备失去监视和控制。因此提高主干通信线路的可靠性非常必要。对于采用光纤通信系统构成的主干通道，可以采用光纤自愈环型结构组网（SDH 传输网或工业以太网交换机自愈环网）。在通道发生故障时，光纤自愈网不需人为干预，能在很短的时间内从失效故障中恢复所携带的业务。

（5）确保在电网停电或故障时不影响通信。

要满足电力物联网的调度自动化功能和故障区段隔离，恢复正常区域供电的功能，就要求即使在停电的地区，通信仍能正常进行。特别是采用电力线作为通信信息传输媒介的载波通信方式在这个问题上会面临许多困难。因此，必须考虑故障或断线对通信方式的影响。另一个必须考虑的问题是在停电地区的远方通信终端设备（如 RTU、智能电能表和负荷控制设备等）的供电问题，应当为它们提供后备电源或其他供电手段（如 UPS 和蓄电池等）。

（6）通信设备便于操作与维护。

电力物联网通信系统规模往往较大，而且通常采用多种通信方式相结合。因此在设计上，通信设备的各项指标应符合国际、国家、行业标准，有必要对其人员进行深入细致的培训，以提高他们的使用和维护技能。选择标准的通信设备和通信协议不仅能够提高系统的兼容性，而且可为今后的扩展带来方便，也有助于降低使用与维护的费用。

3．平台应用

平台应用是对各类数据进行采集与分析处理后对外提供的一系列服务，由此看来，对一系列数据采集与集成是整个电力物联网建设的基础。采集数据要求规模性、覆盖性和及时性，否则有碍信息分析服务的效果。为了保证采集数据的有效性，应建立制度性、常规性的数据采集与集成规范，有效维护，保证长效机制的运作。而且由于数据结构各异，所以数据的集成过程相对来说较复杂，需要对集成的字段进行关联映射。因此，数据采集与集成建设应当满足如下四个基本要求：

（1）注意有效和及时地更新和废弃数据。虽然"大数据"平台并不完全排斥废弃数据，但如果无效数据过多，比例过大，必然会引起数据结论产生偏颇。

（2）对每一类数据要进行清晰分类，并注明来源。在存储数据的时候，应注明数据来源，从而清楚地对数据进行定位，在调用大数据平台中的数据时可以更容易地找出需要进行调整的范围，快速地给出动作。

（3）建立数据集成原则。对于过期数据及违反国家安全原则、涉及个人隐私等的数据不予参与数据的集成，若某些涉及隐私的数据是应用时需要的，则必须先经过数据的脱敏处理。

（4）清晰化使用权限，分清平台内部与外部的使用权限。外部使用的数据可以公开，供大众公平公开使用，一些涉及国家机密的数据应该归入内部系统。

为了使大数据服务在应用时更容易被发现和组合，需要在服务描述中尽可能完整地对数据源信息进行描述。由于大数据服务的输出结果也是数据集，这就需要定义多种不同操作以便满足用户多样化需求[81]。

平台架构的设计需要对各类软硬件资源进行统一规划、统一管理，要满足以下要求。

（1）标准化要求。平台中资源池设计的软/硬件类型和业务应用类型复杂多样，标准化是实现资源在业务间"流动"的基础。同时，资源架构的标准化可以把最有效实用的架构解决方案固化在工业设计中，不同要素得以最大限度的配合，还可以使最佳解决方案长久发挥作用并易于扩展。

（2）柔性化要求。柔性化要求考验的是系统适应外部环境变化和内部变化的能力，资源池的柔性化是对标准化的补充，是指资源可被调度、可按需求动态分配和组装，从而满足不同需求的能力。

（3）弹性要求。弹性原则是对资源运行状态下的能力要求，指的是根据应用和软/硬件的负载需求，对运行环境中软/硬件资源配置或数量进行动态调整。而在资源池中实现弹性是一件很复杂的工程，比如：资源配置改变的瞬间，如何做到用户无感知的资源动态调整；运行状态下，对于经常出现的瞬时峰值，如何做到各种负载参数的平滑升降。

（4）分层设计要求。分层设计是解决复杂问题的常用方法，可以化繁为简，同时也具有便于后期维护、便于扩展等优点。对于资源池的规划而言，也符合电力企业典型的分级管理的特点。

（5）功能性要求。同一功能区从逻辑上作为一个整体考虑，作为一个整体提供应用跨层调度。另外，考虑电力企业数据的特殊性，具有不同性能的设备在同一平台功能层中。

（6）一致化要求。构成平台某个或某类资源池的构成组件尽量一致，以减少管理上的差异，降低管理工作的复杂度。例如按照硬件资源是否进行虚拟化，可以分为虚拟机池和物理机池。虚拟机池将硬件资源通过虚拟化技术进行抽象，并统一管理。

2.2 技术体系及应用分析

电力物联网总体架构主要分为感知层、网络层和应用层三部分，如图 2-1 所示。

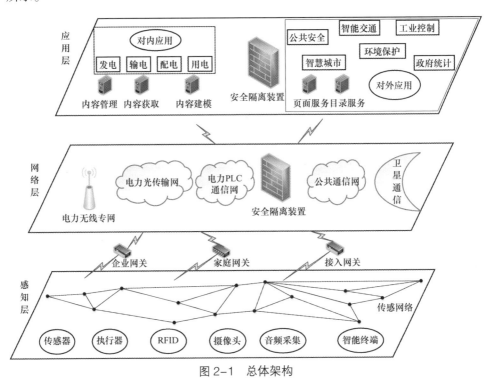

图 2-1 总体架构

感知层主要分为通信延伸子层和感知控制子层，其中通信延伸子层的主要功能是将终端模块或物理实体连接到网络层和应用层。感知控制子层则是实现对物理世界的信息采集处理、智能感知识别和自动控制。通信延伸子层相关技术的应用较为广泛，在实际中对于电网的监控数据主要是采用光纤通信等方式，同时也有一些业务是通过电力线载波或无线等通信方式，例如载波通信仍然是保护信息传输的主要方式之一。感知控制子层主要通过基于嵌入式系统的智能传感器、各种新型 MEMS 传感器以及智能采集设备等技术方法，实现对电力物联网各个应用环节中机械状态、有关电量、环境状态等信息的采集。在电气设备状态监测、输电线路在线监测等相关方面，除了通过光纤传递保护信息以外，无线传感技术同样得到一定规模的应用，例如无线数字测温系统及基于无线传感器网络的输电线路在线监测系统等。在智能用电和用电信息采集等方面所应用的通信技术，主要包括宽带电力线通信、窄带电力线通信、光纤复合低压电缆以及无源光通信、短距离无线通信、公网通信（GPRS，CDMAX，3G）等。

网络层主要包括核心网和接入网两部分，其功能是实现信息的路由、传递和控制。在特定条件下可借助公众电信网实现物联网的信息控制、传递和汇聚。但在实际的电力物联网应用中，物联网的信息交换基本依托电力通信网实现，这是综合考虑了对传输可靠性、实时性和对数据安全严格要求的结果。其中核心网的主要部分是电力骨干光纤网，另外还有如电力线载波通信网、数字微波网这样的辅助网；接入网则以电力线载波、电力光纤接入网、无线数字通信系统为主要方法。与此同时，电力宽带通信网也为物联网的广泛应用提供了一个高速宽带的双向通信网络平台。

应用层包括中间件／应用基础设施以及各类应用。在物联网应用中，中间件／应用基础设施可以提供计算、信息处理等常用的能力及资源调用接口、基础服务设施，在此基础上实现物联网的各类应用。电力物联网应用的目的在于利用模式识别、智能计算等技术实现电网信息的处理和综合分析，实现智能化的控制、决策和服务，从而提高电网在各个应用环节上的智能化水平。

2.2.1　技术体系

图 2-2 是基于 SG-ERP 架构研究制定的电力物联网技术架构[82]。其中在感知层重点实现各环节数据统一感知与表达，建立统一信息模型，规范感知层的数据接入，完善 SG-ERP 架构；在网络层按照规范化的统一通信规约实现对数据的传送，丰富扩展 SG-ERP 架构；在应用层遵循 SG-ERP 体系架构，将多种数据信息统一管理，并基于统一应用开发平台（SG-UAP），提供统一数据服务，实现各类业务应用服务，基于统一应用服务，构建各类电力物联网应用服务，通过应用集成供其他业务系统使用。

各物联网层面关键技术及应用研究重点如下。

（1）感知层。感知层主要利用各种传感识别设备实现信息的采集、识别和汇集，其研究重点是实现统一的信息模型，具体包括对统一标识、统一语义、统一数据表达格式、安全防护等方面进行研究，形成相关标准规范，研发标准化采集终端、标准化通信模块及信息格式转换设备等。

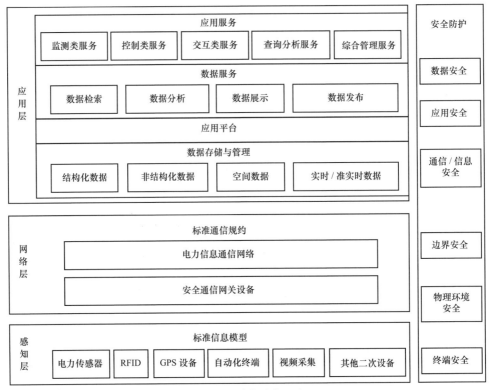

图 2-2　技术功能层次

其中，物品编码标识技术是电力物联网大面积部署的基础。对应的物品名称服务（Object Name Service，ONS）可提供对物品编码的注册、查询、定位和属性承载。此外，感知层中的传感电气集成技术是未来的发展方向，尤其是智能电气设备的研发和应用，传感器、电子标签等在设备生产过程中既已配备。在传感电气集成中需注意电磁干扰问题以及传感设备与主设备之间的寿命匹配问题。

（2）网络层。网络（传输）层主要负责感知层信息的传输和承载，其发展方向是研究并制定统一规范通信规约。考虑到电力各专业业务特色以及通信规约的技术特点，一定时期内主要还是实现通信规约的规范性。例如，要求变电环节物联网应用应遵循 IEC61850 规约，配电环节遵循 IEC61968 规约等。此外，应注重多种融合通信技术的引入，包括可靠无线通信技术，丰富通信手段。在物联网技术应用中覆盖各层的完善安全体系最为重要。

（3）应用层。应用层重点基于 SG-ERP 架构，研究电力物联网统一数据模型，实现统一数据服务和统一应用功能，为业务应用提供服务支撑，并基于统一应用服务，实现与相关业务应用的集成，实现业务应用功能的增强。

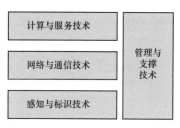

图 2-3　电力物联网技术体系

对整个电力物联网的电子信息体系而言，其涉及多个领域的不同技术，这些技术往往在不同行业有不同的形式和应用规范。通过对电力物联网中可能涉及的关键技术进行归类和整理，我们总结出如图 2-3 所示的电力物联网技术体系。

1．感知与标识技术

感知与识别技术是电力物联网的基础，其主要的功能是对数据的收集和监测不同事件的发生，即完成对外界物理信息的识别和感知。其涉及的技术包括传感器技术、射频识别技术等。

（1）传感器技术。其主要是通过利用传感器和多跳传感器网络，从而达到协同感知，实现对网络覆盖范围内被感知设备信息的采集。

（2）射频识别技术。从应用需求的角度来看，射频识别技术面临的第一个问题是实现对象的全局标识问题，这要求对电力物联网建立一个标准化的物体识别架构，以此达到全面融合现有的多种传感器及标识技术，并且能够支撑未来的物体识别方案。

2．网络与通信技术

网络与通信是电力物联网实现信息传输和网络框架的关键设施。通过实现广域上的网络互联功能，可完成对感知信息的高可靠性和高速传送。

（1）接入和组网。而以 IPv6 为核心的下一代网络的快速发展，为物联网的全面应用创造了很好的网络通信基础。当然要实现末梢网络与核心网的充分协同，仍需要解决很多不同的挑战，这需要我们对固定、无线和多网接入协同等方面的网络通信技术进行研究。

（2）通信与频谱。物联网需要将多种不同的通信技术相结合，并可以实现无缝融合，现有的 ZigBee、蓝牙、WiFi 等信息传输装置的使用使得频谱空间非常拥挤，这将在很大程度上制约了电力物联网的大规模应用，需要从技术层面解决频谱保障能力，实现不同电力物联网之间的互通互联互操作。

3．计算与服务技术

电力物联网技术中对大量通过传感器设备所监测到的信息进行有效合理的保存和处理是整个电力物联网技术的应用核心，只有通过完成对信息的二次提取，从海量数据中提炼出对用户和管理者有用的信息才能体现这一技术的核心价值。

而最终所形成的对用户和管理者的服务即是其价值的一种表现形式。

（1）信息计算。海量的信息输入使得高效合理的计算与处理成为当前物联网技术面临的重大挑战之一。解决这一问题需要通过对感知信息的数据融合、高效存储、数据挖掘等多种技术进行深入研究。同时与"云计算""大数据"技术相结合实现系统化和智能化技术，从而为处理所面临的海量数据信息提供相应的技术支撑。

（2）服务计算。电力物联网技术的发展应与当前的互联网技术相结合，以应用服务为方向，用发展的眼光来思考物联网技术的发展，从适应未来人们对服务的需求的角度来设想，提炼出电力物联网存在的核心价值和技术，根据这一技术不断调整电力物联网的真正发展方向。

4．管理与支撑技术

随着电力物联网的迅速发展，使得其所涉及的领域愈加广泛，业务种类不断增加，用户对服务质量的要求也越来越高，这导致能够影响电力物联网通信正常运行的因素也大大增多。这就需要加大对管理与支撑技术的研究。管理和支撑技术是保障物联网实现正常运转、有效管理、高度可控的关键，其涉及的技术包括测量分析、网络管理和安全控制等。

（1）测量分析。可测性是电力物联网实时感知的基本问题。随着网络的复杂程度越来越高和新型的用户需求越来越多，需要研究更加有效的测量分析技术，从而建立面向服务感知的物联网测量机制和方法。

（2）网络管理。电力物联网在一定程度上是一个完全归属于国家的单独体系，它具有一定的封闭性，这对其网络的运营管理提出了很高的要求，尤其是在安全、可靠、高效等方面，这就需要研制出一种有别于一般物联网的管理模型。

（3）安全控制。安全是任何网络系统运行的根本基础，而电力物联网其所具有的特殊性，使得其对这方面的要求更为严格。满足可靠性、完整性、抗打击性的要求，同时还需要面对电力物联网中关于用户隐私及信任管理的问题。

2.2.2　技术应用分析

电力物联网应用如图 2-4 所示，电力物联网技术应用覆盖了发电、输电、变电、配电、用电、调度、资产管理等全生命周期，能够实现输电环节的线路监控、视频监控；变电环节的设备巡检、视频监控；配电环节的设备监控、配电自动化；用电环节的远程抄表、客户关怀等功能。

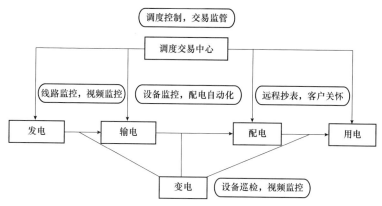

图 2-4　物联网技术在发输变配用电中的应用

1．发电环节

在发电环节中，目前存在电源结构和布局不合理，电网的调节手段和调峰能力不足等问题，发电机控制系统技术水平和国外相比有一定差距，储能技术应用研究也处在起步阶段。以水力发电为例，结合物联网技术，可以研究水库智能在线调度和风险分析的原理和方法，开发集实时监视、趋势预测、在线调度、风险分析为一体的水库智能调度系统。根据水库来水和蓄水情况及水电厂的运行状态，对水库未来的运行进行趋势预测，对水库异常情况下水库调度决策进行实时调整，并提供决策风险指标，规避水库运行可能存在的风险，提高水能利用率。另外，依托物联网技术的发展和进步，可以加快新能源发电及其并网技术研究，规范新能源的并网接入和运行，实现新能源和电网的和谐发展。

结合物联网技术可以研究不同类型风电机组的稳态特性和动态特性及其对电网电压稳定性、暂态稳定性的影响；提出可靠性分析评估方法，建立可靠性模型，开发相应的分析软件。开发风能实时监测和风电功率预测系统；建立风电机组 / 风电场并网测试体系；研究风电场继电保护技术及保护配置方案、定值整定；研究变流器、变桨控制、主控及风电场综合监控技术、低电压穿越技术。互联网技术的应用也有助于研究大规模核电、风电和特高压输电对系统内抽水蓄能容量规模的要求；研究抽水蓄能电站的联网效益，主要分析错峰、调峰、水火互济、跨流域补偿、互为备用和调剂余缺的能力；研究大型抽水蓄能电站在智能电网中的功能定位，逐步实现削峰填谷、核蓄互助、风蓄互补，开展大容量蓄能机组直接接入特高压电网的研究、实现蓄能机组事故备用、潮流调整等功能扩展；研究抽水蓄能电站的智能调度运行控制技术，依靠自主创新，开发研制抽水蓄能电站关键设备，包括计算机监控、调速、励磁、变频器等；研究蓄能机组跟踪风电功率变化的功率调节技术，在风蓄互补系统中发挥更大作用；制定满足电力系统需求的蓄能机组机网协调和辅助服务等技术标准。

物联网技术同样有助于开展钠硫电池、液流电池、锂离子电池的模块成组、智能充放电、系统集成等关键技术研究；开展电网中储能电源规划设计和运行调度技术的研究；逐步开展储能技术在电网安全稳定运行、削峰填谷、间歇性能源柔性接入、提高供电可靠性和电能质量、电动汽车能源供给、燃料电池以及家庭分散式储能中的应用研究和示范。

2．输电环节

输电环节是智能电网中一个极为重要的环节，目前已经开展了许多相关的工作。但是还存在许多问题，主要有：电网结构仍然薄弱，设备装备水平和健康水平仍不能满足建设坚强电网的要求；线路设备检修方式较为落后；系统化的线路设备状态评价工作刚刚起步。因此，在输电可靠性、设备检修模式以及设备状态自动诊断技术上和国际水平相比还存在一定的差距。在输电环节中有许多应用需求亟待得到满足，需要结合物联网的相关技术，提高输电环节各方面的技术水平。包括线路、杆塔和电容器等重要一次设备，保护、安稳装置和通信等二次设备以及营销和信息系统等。可以结合物联网技术，提高一次设备的感知能力，并很好地结合二次设备，实现联合处理、数据传输、综合判断等功能，提高电网的技术水平和智能化程度。输电线路状态检测是输电环节的重要应用，主要包括雷电定位和预警、输电线路气象环境监测与预警、输电线路覆冰监测与预警、输电线路在线增容、导地线微风振动监测、导线温度与弧垂监测、输电线路风偏在线监测与预警、输电线路图像与视频监控、输电线路运行故障定位及性质判断、绝缘子污秽监测与预警、杆塔倾斜在线监测与预警等方面。这些方面都需要物联网技术的支持，包括这种传感器技术、分析技术和通信技术等。结合物联网技术，可以更好地实现这些高级应用，提高输电环节的智能化水平和可靠性程度。

3．变电环节

变电环节目前已经开展了许多相关的工作，主要是全面开展变电站综合自动化建设。但是目前还存在许多问题，主要有：设备装备水平和健康水平仍不能满足建设坚强电网的要求；变电站自动化技术尚不成熟；智能变电站技术、运行和管理系统尚不完善；设备检修方式较为落后；系统化的设备状态评价工作刚刚起步。

可以将物联网技术应用于智能变电站建设中，建立智能变电站信息监控与采集系统，实现对智能变电站设备、资源、运行状况的全面监控与管理。建立基于物联网的智能变电站通信信息一体化平台，实现变电站信息通信的统一接口。建立完善智能变电站物联网标准化工作。建立智能变电站状态监测系统、故障预警与自动恢复系统、自动决策分析系统。建立智能变电站与输电系统、调度系统、分布式发电系统的物联网接口，将智能变电站纳入整个智能电网的物联网体系。

4．配电环节

配电是我国电网的重要环节，也是电力物联网业务应用场景最为丰富的领域，同时目前也是最薄弱的一环。在配电自动化、配网状态监测检修、现场作业、智能巡检等方面还有很多工作要做。配电管理系统（DMS），通过对配电的集中监测、优化运行控制与管理，达到高可靠性、高质量供电，降低损耗和提供优质服务的目标。物联网在配电自动化方面的应用主要集中在以下几个方面：快速故障诊断、隔离和自动恢复供电、无功/电压控制、配电网潮流检测分析计算等。

由于我国配电网的复杂性和薄弱性，配电网作业难度很大，常出现误操作和安全隐患。切实保障现场作业安全高效是智能配电网建设一个亟须解决的问题。物联网技术在现场作业管理方面的应用主要包括：身份识别、电子标签与电子工作票、环境信息监测、远程监控等。搭建电力物联网现场作业管理系统，实现确认对象状态，匹配工作程序和记录操作过程的功能，减少误操作风险和安全隐患，真正实现调度指挥中心与现场作业人员的实时互动。

我国配电网环境多样、复杂，自然环境、人为活动都会对电力物联网线路产生影响。物联网在这方面的应用主要包括：巡检人员的定位、设备运行环境和状态信息的感知、辅助状态检修和标准化作业指导等。

5．用电环节

智能用电环节直接面向社会、面向客户，是社会各界感知和体验电网建设成果的重要载体，具有特定的地位和作用。

随着我国经济社会的快速发展，发展低碳经济、促进节能减排政策的持续深化，电网与用户的双向互动化、供电可靠率与用电效率要求的逐步提高，电能在终端能源消费中的比重不断增大，用户用能模式发生巨大转变，大量分布式电源、微电网、充电桩、大范围应用储能设备及大耗电量系统接入电网，需要发挥研究与之相适应的物联网关键支撑技术，以适应不断扩大的用电需求。

用电环节应用物联网技术，重点在于建立基于物联网的智能用电服务系统，建立用电信息采集系统，建立智能用电、智能家居的物联网接入标准体系，构建基于物联网的智能用电系统，建立完善电动汽车与充电系统的物联网信息采集与处理工作，实现电动汽车与充电系统的统一标识和管理，建立基于物联网的能效监测与管理系统等。

6．电网资产管理环节

电网企业提出开展资产全寿命周期管理工作，以全寿命周期为主线的成本管理，实现资产的物资流、信息流、价值流有效合一的集约化管理，实现资产的全过程、精益化管理。

随着电网规模的扩大，输、变、配电设备数量及异动量迅速增多且运行情况更加复杂，对巡检工作提出了更多更高的要求，而目前的巡检工作主要还是依靠人力或电子设备进行巡视，面对更艰巨的巡检任务，针对巡检人员的监督机制成为生产管理的薄弱环节，需要更加完善的方案监督巡检人员确实到达巡检现场并按预定路线进行巡检。同时，由于电网规划、管理、分析、维护系统的高度集成，迫切需要一种更加信息化、智能化的辅助手段进一步提升巡检工作的效率。资产管理可以应用物联网技术实现资产数据的现场采集，将资产清查和巡检工作进行有机结合，提升电网资产管理水平。

充分利用 ERP、生产管理等业务应用系统的数据资源、RFID 和移动数据采集技术，实现账、物、卡数据更新的唯一性、完整性、准确性和及时性，提高设备的管理水平。

充分利用传感器网络、RFID 射频识别、通用无线业务分组等技术实现电网资产管理的标识、感知和信息传送，利用业务应用系统实现电网资产管理的信息处理，从而借助物联网技术提升电网资产管理水平。将电力设备、物资等编码标准推广应用，形成行业和国家标准，并在此基础上，制定电网资产标签编码标准，实现资产的身份管理。

2.3　传感控制

2.3.1　传感装置

传感设备的发展对物联网的发展起着十分重要的作用，因为整个物联网存在着广泛的传感节点。传感器是一种以一定精确度把测量得到的数据按一定规律转换成便于处理和传输的另一种物理量的装置[83]。传感器一般是将获取的信号转换为电信号，例如，压力的大小转换为电流的强弱。

传感设备可以分为物理传感设备和虚拟传感设备。所谓的物理传感设备，就是真实存在的传感器，例如，温度、湿度、烟雾、大气压传感器等，我们可以采集到它们上传的各种数据并且加以利用。我们把视频也统称为物理传感器，因为视频是由真实的摄像头采集的数据。我们也可以通过图像处理技术提取出他们的光线强度和物体位移轨迹，对于这两个处理后的数据来说，摄像头又是逻辑上的物理传感设备。虚拟传感器主要是基于传感器硬件和计算机平台，通过软件开发而获得测量值的。这一类传感设备不是真实存在的或者是我们无法溯源的物理传感设备，但是我们依然能够获取它们的数据并且加以利用，例如，天气预报的各种数据、网络爬虫得到的数据、仿真的结果、经验估值等。

在电力生产运行、检修、经营管理领域涉及的传感器如下。

（1）激光测距传感器。激光测距传感器用于测量输配电线路周边树木等危险物是否处于输配电线路的安全距离范围内，同时也可用于线路弧垂等辅助测量。

（2）导线温度传感器。导线温度传感器是用于输电线路导线在线测温的装置。测温终端采用微功耗技术，使用 8AH/3.6V 的自消耗低、寿命长、耐高温的锂亚电池供电方式，能够使温度采集终端单元工作在 5 年以上；锂亚电池与微功耗技术相结合，很好地解决了测温终端单元取电的问题。

（3）环境微气象传感器。输电线路气象在线监测系统是针对架空线路走廊局部气象环境监测而设计的一种多要素微气象测量系统，监测的气象参数主要包括风速、风向、气温、湿度、气压等。

（4）智能防盗螺栓。智能防盗螺栓是一款基于无线传感网络技术的多功能设备防盗传感模块，可以代替普通机械螺栓，用于配电设备的防盗预警。

（5）电压测量传感器。电压变化测量传感器用于测量低压配电线路的电能质量信号，也可用于低压电力设备的防盗预警辅助设备。整机对接入的配电网电信号进行电能质量检测，同时该信号也作为外部电源，实现对整机的供电。

（6）地埋式振动传感器。地埋式振动传感器用于探测输电线路杆塔周边土壤振动、水土流失等危害杆塔安全的土壤环境信息的检测和报警。采用 4 个高灵敏度的振动传感器，实时全向探测振动信号，确保可靠的实时探测性能和抗干扰性能。

2.3.2　适配控制

首先我们要对传感设备属性进行描述，设备属性描述是控制平台的核心功能，这一描述的方式决定了传感控制数据接入、设备和数据源注册、设备的查找、应用的接入等平台的关键功能。

为了保证平台的开放性，平台必须能够保证对所有的标准、技术、来源、格式保有兼容性，并且能够将这些服务提供给不同的用户使用[84]。为此，设备属性可以分为接入属性和应用属性两类。

（1）接入属性，主要是对设备数据的操作属性。将对设备的操作简化为读和写操作（类似 REST 方式的 WebService 操作），接入属性主要描述数据的读写方式，用于系统的南向接口的操作。

（2）应用属性，主要是传感或控制设备应用方面的属性，属于使用者检索和使用各种开放传感控制信息。应用属性主要用于系统中逻辑设备的北向接口操作。

建立接入设备和应用设备两者之间的联系，例如，视频数据可以提取出光照和移动物体监测等，不同的逻辑传感设备；还有就是三相电监测传感器，它上传的数据只是 U 相、V 相、W 相的各种电参数，但是要得到总功率、总的功率因素等必须通过计算才能得到，形成了逻辑上的多对一。

其中需要说明的是，应用属性和接入属性都是对传感控制设备抽象后特征的提取，两者是一一对应的。接入属性是针对需要接入的传感控制设备而言的，而应用属性是针对现有的资源对外提供服务而言的。

1. 适配的定义与应用

本书中所谓的适配，通俗点讲，就是传感设备的注册机制，不同来源、不同标准、不同技术、不同数据格式的传感器上传来的数据都可以快速地接入到传感控制平台中。所以这种适配策略的好坏，适配策略的可扩展性、可延伸性就显得尤为重要。

2. 传感控制设备的适配策略

传感设备需要接入传感控制服务平台，那么面对海量的传感设备和控制设备，适配策略就必须足够灵活、快速、方便，不仅要让数据的提供者方便，而且对数据的接受者、服务的发布者都必须做到方便、简洁。

平台接入的数据来源主要是有以下几种，一是通过 Socket 编程接口接收的 TCP/IP 数据，这是直接传感控制数据最主要的接入方式。二是远程调用（RPC），当前主要是 Web Service，也可以有其他的方式，例如 CORBA 和非标准远程调用方式等。三是文件和数据库直接接口方式，包括各种分布式文件系统（NFS、GFS、FTP、ODBC/JDBC 等）。四是通过消息机制获取，例如 MQ、JMS、RV 等，消息机制曾经被广泛地使用在企业应用中。五是本地调用，可以通过编程对相应的 API 进行开发，把本地的数据读取到平台中。通过上述接口，获取不同来源的数据，最后转换成平台规定的标准数据结构。最终数据的获得须经过如图 2-5 所示的两个层次处理。

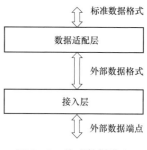

图 2-5　传感数据接入

接入层：操作上述几个不同来源和不同接入方式的数据源（宿），接收和发送数据，完成数据的接入。

数据适配层：对接入层传输过来的数据格式进行转换，即发送数据前，将数据转换为外部需要的格式；或接收数据后，将数据格式转换为平台标准的数据格式。严格来说，数据适配层属于应用设备层和接入设备层的接口，因此，一个接入层设备可能对应多个数据适配层设备，例如从来自同一个摄像头的图像数据中，既可以提取光照传感信息，也可以提取移动物体传感信息。总体来说，数据适配层北向接口的输出是逻辑传感数据，输入是逻辑控制数据。当然这些数据可能包含真正的传感控制数据和设备的状态、条件数据。数据适配层南向接口的输入是来自外部数据源的"裸数据"，输出则是符合外部设备或数据端点要求的输出数据。

数据适配层承担以下几项工作：格式转换，即适配功能。对接收到的数据不做任何处理，仅进行数据格式的转换。转换的内容包括传感控制信息和一些附属信息，例如，端点标识、设备状态等。模型转换，即中介功能。对数据的表达模型（即数据间的关联关系）进行处理，获取所需内容和格式的标准传感控制信息，这时可能需要不同来源数据的参与和数据计算处理。这一功能需要用一定的算法对同一来源或不同来源的数据进行处理，得到所需的传感控制数据。例如，对多个温度传感器采集的数据进行处理，获取温度场数据；对图像数据进行处理获取光照强度数据和物体位移轨迹；对三相电参数进行计算，得出总功率和各相功率、功率因素等。

无论何种适配，转换的结果都需要对于平台输入来说符合应用设备的数据格式要求，对于平台输出来说，符合设备的格式要求。图 2-6 所示是整个传感控制设备抽象适配的流程图，首先是对传感和控制设备进行抽象，提取出它们的共同特征和不同特征；然后是数据进入接入层，此时数据格式仍是外部数据格式，还无法接入平台；其次经过适配层的处理把原来的数据格式剥离，只留出"裸数据"，再按照平台的标准数据格式进行传输；最后通过网关的转发将数据传输到服务器。

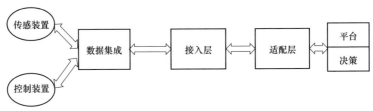

图 2-6　传感适配与控制流程

为了方便数据提供者接入平台，平台必须对外提供统一的接入参数，形成对外开放的接入格式标准。以更好地兼容其他数据，达到最大的开放性。其实也可以称这个过程是传感控制设备的注册过程，注册过程的最高境界就是即插即用。

2.3.3　功能分析

按照电网整个信息的流向，作为最底层的本地网管中心，其传感器应用系统的稳定运行直接关系到整个电力物联网的运行可靠性与安全性。因此，电力物联网架构应注重从最底层的传感终端一级一级往上建构，本地网管中心网络建设应作为重中之重。

在传感器应用管理中，传感器装置应安装在电网的固有设备（如断路器、变压器、线路等）、数字信号采集设备、智能仪表、电力电子设备、安全稳定装置、保护装置以及其他智能终端配套设施上。通过智能传感器设备获取电网断路器、重合器、线路监测、气象、人员状况等与生产调度相关的数据，为调度中心提供丰富有价值的信息支持，显著提高整个电网的监控水平。传感信息采集框架如图 2-7 所示。

在电能表上装设传感器，电网企业能随时知道用户使用电能的情况。通过对配电变压器的运行状态进行实时监测，实现用电检查、电能质量监测、负荷管理、线损管理、需求侧管理等高效一体化管理，使电网具备智能化。

在重要电气设备上装上传感器，可以实时监测到设备的运行状况，便于风险评估与预警。如：在断路器三相接头处装设温度传感器后，当线路出现过载现象时，

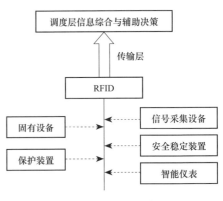

图 2-7　传感信息采集框架

能立即将断路器实时温度传至中央信息处理服务器，方便运行人员进行倒负荷或其他确保线路安全运行的措施。

当安排有检修或倒闸操作任务时，若每位工作人员随时佩戴一个传感装置（比如 RFID 装置），就能够对工作人员进行实时跟踪与管理，避免工作人员误入带电间隔，同时也能够加强人员管理并提高工作效率。

将各种仪器设备的详细信息和属性存储在传感数据信息服务器中，当仪器在取出到使用的各个环节被识别并记录时，通过对象名解析服务（Object Naming Service，ONS）的解析可获得仪器所属信息服务系统的统一资源标识（Universal Resource Identifier，URI），进而通过网络从传感数据信息服务器中获得其代码所对应的信息和属性，以达到对仪器自动追踪的目的，如图 2-8 所示。

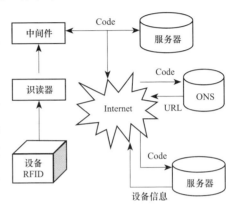

图 2-8　设备标识追踪

先将各电气设备贴上 RFID 电子标签，同时将设备台账信息等存储在信息服务器中，通过服务器将信息下载到手持识读器中，检修或运行人员可以手持该识读器对设备扫描后即得到设备的相关台账数据信息。这将在巡检系统中发挥重要作用，真正实现"无笔化"与"无纸化"，大大节约资源。

在电力物联网系统中，数据的采集是一项非常重要的基础工作。它主要是准确获取电力物联网不同节点处的分布式识读器所采集到的数据，并根据业务的需要向信息处理层传递所需要的数据。为防止多个电子标签被同一个识读器读取时造成数据丢失、数据出错和数据重复等问题的发生，可采取基于事件监听的主动识读器方案。

主动识读器是指：①当识读器接入网络后，识读器的数据传输端口将自动打开，不需要从服务器获取命令来打开端口；②当识读器读取到 RFID 数据后，以消息的形式向上层服务器传送数据，而服务器只需要等待消息到来后处理数据。基于事件监听的主动识读器方案应具备以下几个功能：

（1）能够支持多种识读器协议，允许不同种类的识读器写入适配器。

（2）能够以标准格式从识读器中采集电力物联网数据。

（3）设置过滤器，可以平滑、协调、转发电力物联网数据。

（4）允许写入各种记录文件。

图 2-9 中，识读器可以采用多种物理方式与计算机网络通信，如：红外传感、USB 接口、串口线、以太网等，允许采用不同的通信协议。该方案需要提供多种识读适配器与识读器通信，以用来采集电力物联网事件。识读器接口首先从识读适配器获得事件，然后将其所获事件组成一个事件队列，并传给过滤器进行过滤，过滤后的数据经过事件日志记录器进行处理，最后交给数据管理中心存储。

智能化设备的基本功能是信息采集和命令执行，具有分布性和智能化的特点，融合先进的传感器技术、人工智能技术和通信技术，借鉴多智能体思想实现对电网信息的初步筛选和

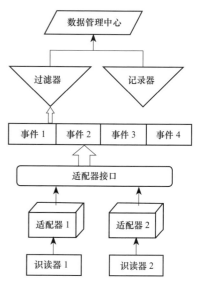

图 2-9 基于事件监听的数据采集

准确传递，并能够对其他智能装置的运行状态进行监控。智能化设备的实现可以参照 IEC61850/IEC61968 中的分层思想进行研发，建立标准的通信机制和统一的信息模型。智能业务终端结构如图 2-10 所示。

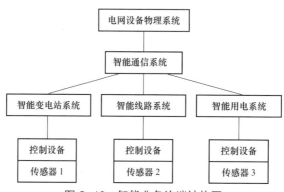

图 2-10 智能业务终端结构图

将智能变电站系统、智能线路系统、智能用电系统、智能通信系统等与物联网系统相集成将大大改进电网的运行效率。通过物联网中高级传感器采集到的设备信息可以同如下过程进行集成：① 优化资产使用的运行；② 输、配电网规划；③ 基于条件（如可靠性水平）的维修；④ 工程设计与建造；⑤ 顾客服务；⑥ 工作与资源管理；⑦ 模拟与仿真。

2.4　通信网络

2.4.1　网络层次结构

适应未来综合能源供应商和信息服务供应商的电力通信网络结构示意图如图2-11所示。结合物联网的基本网络机构，并通过分析电力系统生产运行的独特性，得出电力物联网的网络层次结构具体的架构如图2-12所示。

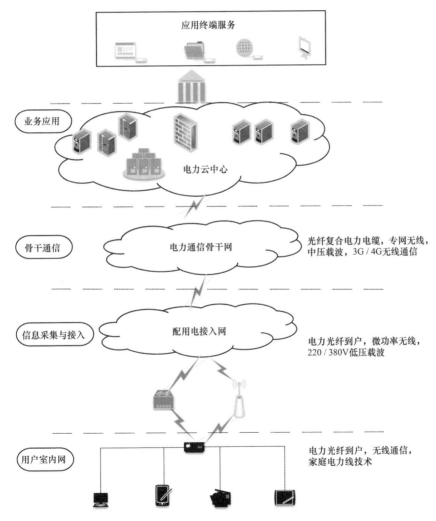

图 2-11　电力通信网络结构示意图

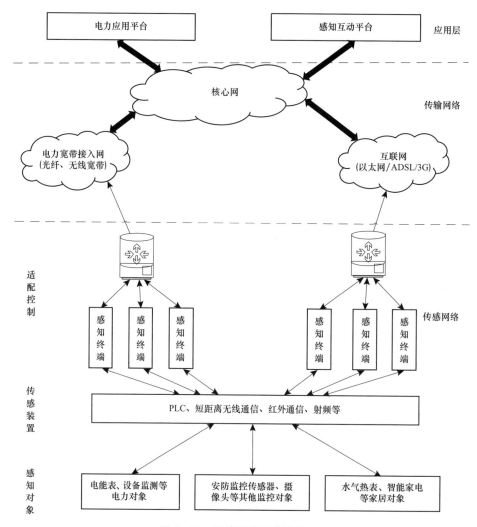

图 2-12 网络通信层次结构图

网络层包含接入网络与核心网络。开始先通过网关屏蔽各种网络之间的差异性，将感知终端所获取的信息，按照安全级别和数据类别分别传送至电力接入专用网与互联网。其包含的接入方式包括电力光纤接入网与宽带无线接入网的电力接入专用网络与电力核心网络，网络层接入方法包括 ADSL、以太网、xPON、3G/4G 等多种技术。

如同表 2-1 所描述的那样，和当前的电力通信网对比，面向智能电网的电力物联网，具有环境感知性、自愈性、异构性、安全性、互动性等优点，然而这些优点是当前电网实现自动化、信息化、智能互动化的最根本的保证。

表 2-1 电力物联网和现有电力通信网的比较

性能	电力物联网	现有电力通信网
环境感知性	利用传感器、RFID 等多种感知手段对输电、变电、配电、用电环节进行全面、实时的数据采集	人工巡检，在复杂地形环境下适合工作；变电站设备监测存在盲区，综合自动化程度不高；对配用电侧信息采集不充分，无法充分做到电力资源的合理调配
自愈性	通过对数据的综合处理实时监控电网运行状况，网络节点具有自复原功能，能及时发现、快速诊断和清除问题隐患	仅实现了光纤通道中单维度、低层次的通道自愈，系统自恢复能力基本上全部靠物理上的冗余
互动性	支持电网与用户之间的大量信息的双向交互，为电力系统与用户的信息交流提供平台保障	还没有实现与用户之间的数据信息的交互，对用户服务简单，信息单向
异构性	支持电力骨干通信网、配用电通信网与互联网、3G/4G 网络在安全隔离的情况下进行异构融合，在网络层完成多种异构网络之间的互联互通	电力核心网与接入网之间实现了多种异构网络的并存，但是因为与公共网络之间的完全隔离，这使得电网与用户之间的信息交互存在瓶颈
安全性	利用大量的传感器网络实现对所有可能覆盖的电力设备和气象条件进行全面实时监测，提高电力系统对故障预警和自然灾害方面的预防能力	存在多个孤岛，信息共享途径缺乏，导致在自然灾害和其他外部损伤等安全威胁时应对缓慢，对策不足

2.4.2 通信需求分析

电力物联网涉及输电、变电、配电、用电四大环节各种业务的信息通信，不同环节、不同业务对通信技术的要求不同[85]，具体表现如下。

（1）要求 SCADA 系统较高的数据传送效率。

（2）要求计量与监测的表计自动化。

（3）要求有更高的数据通信的带宽。

（4）要求有开放的通信规约。

（5）要求有能够扩展的监测功能。

不同配用电业务对网络通信带宽的需求见表 2-2。

通过分析电力物联网中不同配用电业务对通信技术的需求，以及针对电力物联网的各个环节配用电业务不同通信需求，得出对于不同的业务应选用与其相适应的通信技术，以此保证网络资源的利用率和信息的安全可靠传输。

表 2-2 配用电业务的网络通信带宽的需求

业务分类		业务环节	业务内容	备注
配电网业务	基础业务	电能质量监测	10kV 线	
		配电网运行监控	10kV 线	数据、视频、语音
		在线检测	监测信息点	
		配电移动抢修	终端	
		智能供变采集	采集终端	
	智能电网业务	配电自动化	10kV 线	
		分布式电源接入与监控	能源站	控制信息，负荷信息
	其他业务	广域量测	110kV 变电站	
		纵联网络保护系统		
用电业务	基础业务	用电信息采集系统	电能计量装置	
		需求侧实时管理系统		
	智能电网业务	自助缴费终端		
		智能化业扩报装		手持 PDA、车载终端
		电动汽车充换电	小区、充换电站	充电桩、充换电站、车载终端
		智能家居		
	其他业务	新能源接入与电费双向自动结算		
		智能用电家庭融合		

在电力需求侧主要是终端到终端类业务，对终端的传输速率要求比较低，没有话音及多媒体类业务，中低速的通信速率就能基本满足其业务数据的传输需求。电力物联网中需求侧面对成千上万的客户，终端的安装量是巨大的，只要电

力所及的地方就可能存在需求类业务。因此，电力物联网需求侧业务要求只要有电的地方就要能够通信，即通信线路分布必须十分密集。其次，电力需求侧类业务在通信方面主要是上传数据、接收控制命令，所以其上行流量大于下行流量，这点需要特别注意。

2.4.3　通信方式

目前电力物联网在配用电环节使用的通信方式主要分为有线通信和无线通信两类[86]，如图 2-13 所示。

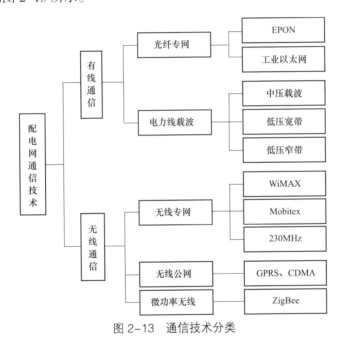

图 2-13　通信技术分类

1．光纤通信

光纤通信依靠光纤作为通信介质，通信信息以光波作为载体进行发送，光在光纤中的传播具有损耗小、抗干扰性强以及通信容量大的特点，另外采用光纤通信可以实现灵活的组网方式。目前光纤通信技术可以分为有源光纤通信（Active Optical Network，AON）和无源光纤通信（Passive Optical Network，PON）两种，其中 PON 省去了有源激光发生器，具有成本低和易于维护的特点，同时 PON 通信技术在后期的升级扩展中也更具有优势。PON 和 AON 通信技术之间的差异见表 2-3。

表 2-3　PON 与 AON 通信技术差异

内容	AON	PON
抵抗多点失效	有	无
连接方式	双纤方式	单纤方式
多级连接	串联连接	并联连接
组网方式	点对点组网方式	点对多点组网方式
共享性	具有一定的共享性	没有共享性
可扩展性	扩展性不好	具有良好的扩展性
光/电转换	需要，从而效率高	不需要，从而效率低

　　光纤通信技术已经十分成熟，在电力系统中的应用也较为普遍，但是针对电力物联网分布广、设备分散的特点，在电力物联网中使用光纤网络还需要考虑以下几个问题：

　　（1）老城区网络改造问题。对于老城区，人口和建筑物密集导致光纤通信的建设和改造存在很大的困难。其通信网络施工申请手续烦琐，申请审批时间长，这些附加因素都给老城区的光纤通信网络改造带来难度。

　　（2）投资成本高的问题。对于光缆建设而言，光缆本身费用不高，但是光缆通道的开挖则需要投入很大的成本。另外，由于城市的不断发展，城区中的电力物联网设备在不断的发展变化，这些变动都会导致电力物联网在光纤通信方面资金的投入增大。

　　2. 电力线载波通信

　　电力线载波通信（Power Line Communication，PLC）是电力系统中特有的一种数据信息通信方式，早在 20 世纪就已经在电力系统中成熟应用。电力线载波通信方式依靠电力系统中已经存在的电力线路来实现远程通信，能够极大地减少通信通道的投入成本。针对已有的电力线路，PLC 通信的实现方案是将需要发送的数据进行信号调制，将调制后的信号加载到电力线路中，其通信的信息已经形成了一个完整的国际标准。

　　电力线载波通信按照通信的带宽可以分为宽带通信和窄带通信两种，其中宽带通信采用的是 2~30MHz，而窄带通信采用的是 3~500kHz；对电力线载波通信的技术分为按照频带进行数据传输的方案和按照扩频进行通信的方案，不同的技术形式有不同的应用，目前电力线载波通信存在以下问题。

（1）电力线载波通信存在信号衰减和反射的问题，尤其当信号通过线路的节点处的时候发生的信号衰减和反射问题更为严重，同时信号的衰减和反射问题还与环境因素有很大的关系，这些都为信号的接收带来麻烦。

（2）电力线载波通信的数据传输速率一般为 50~200bit/s，如果电力物联网含有多个终端设备，在对其进行轮询通信的过程中将无法保证通信的实时性，极大地限制了电力物联网未来的发展。

（3）电力线载波通信通过频率调制的方式实现通信，当电力线周围含有其他频率相近信号的时候将会对其产生影响，故电力线载波通信需要事先准备多个频率以备更换。

（4）电力物联网含有众多的断点，同时网络结构也容易发生变化，在正常操作或者故障情况下进行的开关动作都有可能使得通信出现中断，从而对端无法接收到通信信息。

3．无线公网通信

无线公网通信指的是一种非电力企业建设的无线通信网络，其由通信运营商建设并管理，面向所有的通信使用用户。目前已经具有的无线公网通信技术包括有 GPRS（General Packet RadioService）、CDMA（Code Division Multiple Access）、3G（3rd Generation）/4G（4rd Generation）以及 5G 等，不同的无线公网通信具有不同的通信速率和通信容量。对于每种不同的无线公网通信技术具体说明如下：

（1）GPRS 提供的是点对点之间的通信，不需要 IP 连接，适用于频繁的少量数据通信方案中，比如广泛地应用在无线抄表系统中。

（2）CDMA 与 GPRS 一样，都是定位为 2.5G 网络的通信，不同的是 CDMA 是基于扩频技术实现的，通过一个具有大带宽的通信调试信号将原始数据信号进行调制实现信号扩展，再经载波调制信号进行发送。

（3）5G 通信技术在无线传输技术和网络技术方面将有新的突破，在无线传输技术方面，将引入能进一步挖掘频谱效率提升潜力的技术，如先进的多址接入技术、多天线技术、编码调制技术、新的波形设计技术等；在无线网络方面，将采用更灵活、更智能的网络架构和组网技术，如采用控制与转发分离的软件定义无线网络的架构、统一的自组织网络（SON）、异构超密集部署等。5G 因其具有的高带宽、低时延、低功耗等特点，在电力物联网相关业务应用中实现深度融合。

（4）蓝牙（Bluetooth）技术。蓝牙实质是为固定或移动装置构建一种通用的短距离无线通信接口环境，进一步与通信技术和计算机技术联接起来，使各类装置在无电线或者电缆相连接时，可以实现近距离的互相通信。世界普遍的2.4GHz ISM 频段作为其传送频段，能够供给 1Mb/s 带宽和 10m 传送距离。但是蓝牙存在抗干扰能力弱、传送长度过短、信息安全等问题。

（5）WiFi 技术。无线网络为以太网在无线方面的拓展，原理上只要求使用者在接入点周围一定范围内。事实上，如果若干个用户同一时间使用同一个点接进去，带宽是由这若干个用户共享的，WiFi 相连速率通常仅有几百 Kbit/s 的壁障，但在房间内的有用传送距离比室外小。

WiFi 的使用大部分集中在 SOHO 区域、家庭无线网络和电缆安装不方便的场所，当前该技术主要部署在机场、酒店和商场等公共区域。

（6）IrDA 技术。IrDA 是使用红外线完成点到点通信的信息传输技术，是无线 PAN 技术首次实施。当前，该技术软件和硬件已经非常成熟了，在例如 PDA、手机等小的移动装置方面已得到大范围应用。

IrDA 的重要优势是不需要请求所要采用的频率，所以它的利用费用很低，而且具有移动的通信体积很小、功率损耗小、相连接简单、使用便捷的特征。另外，它还具有较小的发射角度、高安全性的传送特点。IrDA 的缺点是它只能在两个中间没有其他物体阻隔且互相瞄准的装置之间进行通信。因此，该技术只能用在 2 台设备之间的连接。

（7）ZigBee 技术。ZigBee 主要应用于数据传送速度低和传送长度小的各类电子装置中。ZigBee 来源于对蜂群利用跳 ZigZag 形态的舞来共享新找到的食物源头的地点、方位与间隔等信息通信手段的模仿。

ZigBee 和蓝牙是同一家族的弟兄，它使用 frequency-hopping spread spectrum 技术，也采用 2.4GHz 电磁波段。相较于蓝牙，ZigBee 速率更慢、更简易、功率损耗和费用也更低。它通常的速度为 250Kbit/s，当传送速度减低至 28Kbit/s 时，传送区域可延伸至 134 m，得到更高的可靠性。除此之外，它能够与 254 个网络节点相互连接。ZigBee 比蓝牙能更好地应用于消费类电子、家庭中自动控制与游戏。人们期待 ZigBee 可以发展应用到工业上监控、传感器网络、家庭中的监控、安全系统与玩具等产业。

（8）UWB（超宽带）技术。UWB 技术是无线的载波通信技术，它不使用正弦波信号载波，利用非正弦波在纳秒级窄的脉冲完成信号数据传输，所以它所占用户的频带比较宽。UWB 技术能够在特别宽的带宽上完成信号数据的传输，却不影响通常的窄带无线通信。

UWB 技术具有如下优点：系统简单；发射的信号功率谱密度很低；对信道衰落敏感度低；低截获能为力、高定位精度等。超宽带技术主要在分辨率比较高、范围比较小、可以透过地面、墙壁的图像系统与雷达中应用。此外，这项新技术对于速率要求很高（大于 100Mb/s）的 PANs 或 LANs 非常适合。由于超宽带技术拥有速度高、成本低廉、功耗少、有相容性的优点，因此它对于家庭中无线消费级市场的需求很合适：UWB 技术将来的应用前景要取决于各种各样的无线方案发展程度、使用成本、用户习惯等各类因素。

4．无线专网通信

国外智能电网起步较早，美国和加拿大等国家很多通信方案中已经选择了无线专网作为解决的方案。例如，加拿大早在 2009 年就已经将通信频段 1800~1830MHz 分配给了智能电网作为其专用的无线专网通信的频段。无线专网通信主要是通过 OFDM 技术来实现的，现在主要的无线专网技术包括有 WiMAX 和 FDD-LTE 等，采用无线专网实现的电力物联网通信具有以下 3 个特点。

（1）通信容量大。对于一个专用的无线通信网络，其通信的带宽可以达到 230MHz，通信的速率也约为 2Mb/s，能够满足电力物联网自动化系统中各种不同的通信应用场合。

（2）通信安全度高。无线专网与无线公网的区别就是其只允许特定的用户使用网络，用户在使用网络的时候需要进行身份认证，确保接入网络中的设备都是经过授权的，从而能够有效地提高网络的安全性。

（3）建设周期短。无线专网由于其网络使用上具有的专用性，并不需要对公众公开，故其不存在复杂的网络建设，能够实现快速的网络建设。

5．电力物联网通信方式

通过以上对电力物联网的网络通信架构分析可知，传感网络层是与输电、变电、配电、用电四个环节中数量巨大的电力对象直接接触的。因此，对于实现电力物联网中的电力对象互联，传感网络层极为重要。它要想实现电能表、设备监测传感器、安防监控传感器、智能家居等电力感知对象的信息采集，所采用的通信方式一定要覆盖面广，建设成本低廉。通过对电力物联网中应用到的几种主要通信技术的优缺点比较可知，红外通信、射频技术等技术可以实现非接触传感器的信息采集，短距无线也可以实现电力对象的信息采集。但这些通信方式传输距离近，只能适用于电力物联网感知层末端信息的采集。当采集好的信息需要汇集上传至电力物联网骨干通信网时，需要大量的接入网。如果接入网采用光纤通信技术，需要建设十分密集的光纤网，送样不仅需要巨大的投资，而且接入网的信息量不大也会造成通信资源的浪费。如果采用宽带无线网络作为接入网络，同样需要建设规模巨大的无线专网，投资也将十分巨大。而电力线载波通信可以使用电力输电线这种介质来完成载波传输，并且电力输电线分布广泛无需重复投资，能够实现有电的地方就能有宽带连接。因此，使用电力线载波通信作为电力物联网中的接入网通信方式拥有巨大的优势。

但是，电力线自身只是个输送电力的输电线路，不是专门用于通信的通信线路，所以电力线进行信号传输与其他专口用于通信的通信线路相比，电力线存在着许多的复杂性与不确定性。电力线本身影响通信的因素，总的来说有三个：线路阻抗、负载阻抗和噪声。

（1）线路阻抗：配电线路自身的阻值、电抗与线路的原料、直径、长度、老化程度有关系，线路的阻值、电抗越大引起通信的衰减程度越大，地下输电电缆通信受电缆对地电容的影响，频率与信号衰减呈正相关。

（2）负载阻抗：电力输电线上存在着很多电力设施，当它们开启运行时，在它们的倍频频点与工作频点出现阻抗特性的深层次衰落，所以负载阻抗大小越小对通信信号吸收程度越深，对于通信信号传送越不好，但是此种负载阻抗仅仅出现在某些特定频点深层次衰落，而不会出现在整个频域内。

（3）噪声：能够划分为只有单一频率点或者是多个频率点的周期性全部时间域或某一段时间域内噪声。例如：开关电源、高能量、全部频率段的瞬时脉冲噪声，另外还有全频域与全频段的白噪声，它们能量特别小，不会对通信带来很大干扰，因此设计时可以不将它们作为重点干扰考虑。低压配电网中的干扰噪声大部分聚集于 100kHz 范围内，随着频率的增大电网的噪声也会随之以指数衰减，400kHz 之上的电网噪声不会对通信产生太大影响。然而，因为 150kHz 之上是广播 AM 长波通信频段，所以电力企业提倡采用在 3~95kHz 频带范围内完成通信。因此，电力线信道质量是保证电力物联网中 PLC 通信的关键。而电力线信道噪声是影响电力线信道质量的主要因素。

2.4.4 组网方式

电力传感器网络场景复杂，涉及通信技术种类多、协议复杂，给数据处理、数据共享与协同带来较大困难。为了实时感知电网运行状态，需要在各种电力设备上部署大量传感器，进行相关的信息和数据采集并上报给控制中心。通过电流、电压、温度、压力、湿度等各类数据分析电网整体运行态势、每个设备运行状态、资产及环境状态，为在电力环境下满足如上电网感知的需求，电力传感器网络所服务的对象及数据传输具有以下 3 个独特的需求。

（1）无线通信终端多。普通规模的城市电力系统包括成千上万个微型用户区，为了完成对系统的监控，需配置大量的传感器节点对用户的用电设备进行数据采集，因此需要进行数据通信的终端多。

（2）传输数据量大。传感器节点需周期性发送设备的用电或其他状态信息。由于传感器节点数量多，网络内所需传输的数据量很大。

（3）实时性要求高。对于电网运行与控制信息，需要实时传输至电力控制中心，对电网运行态势进行分析，以便迅速对存在故障的线路采取实时调控措施。

相关数据从无线传感器收集上来以后，通过移动核心网传送到管理平台或业务平台来使用。

1．无线接入侧

传感器网络系统通常包括传感器节点、汇聚节点和管理节点。传感器节点随机部署在监测区域内部或附近，通过自组织方式构成网络。传感器节点监测的数据沿着其他传感器节点逐级地进行传输，经过多跳路由到汇聚节点，最后到达管理节点。用户通过管理节点对传感器网络进行配置和管理，发布监测任务以及收集监测数据。

传感器节点由传感器模块、处理器模块、无线通信模块和能量管理模块 4 个部分组成。传感器模块负责监测区域内信息的采集和数据转换；处理器模块负责控制整个传感器节点的操作，存储和处理本身采集的数据以及其他节点发来的数据；无线通信模块负责与其他传感器节点进行无线通信，交换控制信息和收发采集数据；能量管理模块对传感器节点运行所需的能量进行管理。

汇聚节点是一种多流传感器终端，多个传感器末端节点的传感器业务流集合到汇聚节点，通过移动通信空中接口上传到移动通信网络。汇聚节点可以采用 2 种方式汇聚来自多个传感器末端节点的业务流，如图 2-14 所示。

2．核心网侧

电网中的传感器通过网关或直连方式连接到无线接入网，并承载网络可以通过交互网关与服务器相连。智能电网中的各类传感器通过网关或直连方式连接至无线接入网，通过移动核心网与后台智能电网应用平台服务器对接，并由服务器提供智能电网必需的管理、控制及各种业务能力。在智能电网的各类应用中，需获取各类传感终端接入的有关信息，如接入时间、离线时间、接入位置点等。根据上述信息，服务器可以精准判断终端的各种状态，例如，是否将传感器设备专

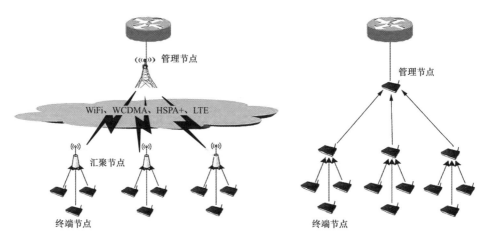

图 2-14   汇聚接入业务流示意图

用 SIM 卡插入非传感器终端、终端是否在非许可时间接入网络、终端是否在非许可位置点接入网络、终端异常离线等状态。上述的状态信息属于接入层信息，由核心网通过特定的接口输出到服务器上。对核心网而言，通过 MSC/SGSN 获取并提供服务器所需要的终端状态信息是最佳选择。考虑到智能电网应用平台直接接入运营商网络存在的安全风险，可以引入传感器网关解决这一问题。传感器网关能够有效屏蔽核心网的拓扑结构，实现核心网对智能电网应用平台接入的安全认证，并提供智能电网应用平台的各类应用的统一路由出口。

2.5   平台架构

2.5.1   功能架构

电力物联网支撑了诸多智能电网应用，建立统一的、面向服务的传感信息共享与应用服务体系，能够实现电力物联网应用的一体化数据资源组织、信息共享、数据加密、高性能的协同分析处理，智能电网各类基于电力物联网的业务应用提供统一、规范、共享的数据采集与信息服务。

通过建立统一的、面向服务的传感信息一体化管理平台[87]，实现不同场景的电力物联网采集数据的多源 / 多类型 / 异构数据一体化组织和管理，将智能电网传感网络信息和已有电网、地理空间数据进行一体化组织，实现输、变、配、用电网信息作为"一张电网"的协同管理与融合共享。同时，在数据共享的基础上，优化图形浏览和分析的服务引擎，提供高效的平台可视化功能，如图 2-15 所示。

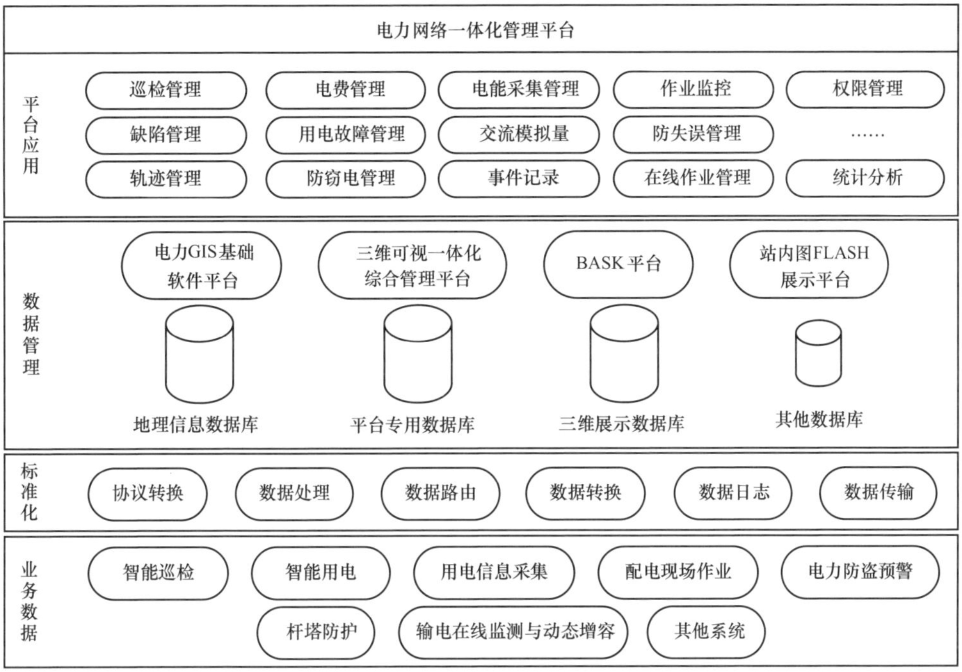

图 2-15　传感信息处理及一体化管理平台

其中，数据层包括包含输变电线路数据、配用电环境数据的地理信息数据库，平台专用数据库和面向人机界面的三维展示数据库等，它们主要承载智能巡检、智能用电、用电信息财经、配电现场作业、电力防盗预警、杆塔防护、输电在线监测与动态增容等相关的业务数据，通过企业服务总线进行数据交互。技术支持层是核心应用层基于数据层的数据开展具体应用的技术媒介，具体的核心应用逻辑则由核心应用层负责处理；最终通过传感信息处理及一体化管理平台对外展示。

2.5.2　计算架构平台

基于对现有信息平台基础的分析，云计算是电力企业信息化的必然选择，通过云计算可以加快软硬件向集中、按需服务方向演进，建立更加高效、便捷、安全、可靠的企业级云服务体系。根据目前电网企业的业务系统现状，为满足电网企业资源调配弹性灵活、数据利用集中智能、服务集成统一高效及应用开发快速便捷的要求，结合虚拟化和分布式技术发展的现状，一体化电力云平台如图2-16所示。

图 2-16 电力云平台

电力云平台主要包含云基础设施、云平台组件和云服务中心3个部分[88]。云基础设施包括基础硬件、负载均衡、集中式云资源调控系统和分布式云操作系统4部分，为业务应用提供灵活、弹性基础资源使用。云平台组件包括数据处理、信息集成、应用构建3部分，为全业务统一数据中心提供运行支撑环境。云服务中心包括部署配置、监控调度和应用商店 3 部分，统一提供一键部署、弹性伸缩、故障自愈等 7 种服务。

1．电力云基础设施

电力云基础设施如图 2-17 所示。

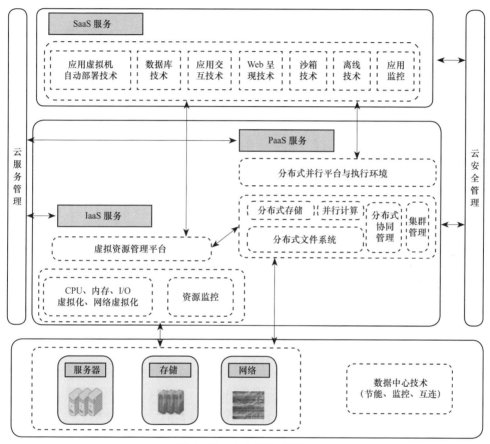

图 2-17 电力云基础设施

电力云基础设施主要包括物理基础设施、电力云计算服务及其实现、电力云计算运营 3 个主要部分。物理基础设施，包括数据中心物理基础设施（如服务器、存储器、网络、电源、冷却）及相关管理技术，是承载云计算系统的基础。电力云计算服务及其实现是电力云计算的核心，包括 IaaS、PaaS、SaaS 等各种服务模式及其关键支撑技术。电力云计算运营，包括与云计算服务运营相关的各项关键技术，如电力云计算服务接入的认证、监控、统计、分析，电力云计算系统、用户数据和应用服务的安全性保证，以及电力云计算服务的计费和支付。

该架构的虚拟资源管理平台主要通过虚拟化技术为电网信息系统提供统一的 IT 架构，整合已有的异构资源，从总体上减少业务部署所需的在线物理资源，从而降低整个数据中心的能量消耗和运维成本。资源的动态分配可以进一步减少资源浪费，提高利用率，为绿色数据中心提供支持。电网信息系统的快速部署、新型分布式能源的快速并网以及容灾方面的一些优势能够在云架构的这一层面得到体现。快速部署和快速并网主要由虚拟技术加以实现，相同业务以虚拟机镜像的方式进行存储、部署和迁移，部署和迁移的高效性从另一方面又为数据中心的容灾提供了更为有力的保障。

分布式并行平台与执行环境，可以降低平台开发的难度，以良好的中间件、数据库和编程环境服务开发者，屏蔽了操作底层分布式硬件资源的复杂性，为电力仿真、用户信息及智能仪表的信息处理等分布式海量数据处理和大规模计算提供更为方便的开发接口，为未来电力物联网的丰富应用提供标准化支持[89]。

应用支撑平台直接面对终端用户级的应用，为其提供多种电网相关的信息和软件服务，对用户的参与度和电网的服务质量具有直接影响。适应电网公司管理需求的财务（资金）管理、营销管理、安全生产管理、协同办公管理、人力资源管理、物资管理、项目管理、综合管理 8 大业务应用也都以该层提供的服务为基本组件构建，可以有效共享数据。

2. 分布式并行计算平台

电力云分布式并行平台需要向电网应用开发者提供分布式 Web 应用开发与执行环境，既可以构建在前述基础设施虚拟资源管理平台的业务节点上，也可以构建在分布式架构资源管理平台上。为避免引入不定因素，在基础设施虚拟资源管理平台上构建分布式并行计算平台，设计电力云的分布式并行平台架构，如图 2-18 所示。

该平台架构的分布式文件系统统一管理"云"中不同存储节点的文件，支持多台主机通过网络同时访问共享文件和存储目录，使多个用户共享文件和存储资源。考虑到已有电网业务的业务量与移植问题，基于分布式文件系统的分布式数据库可以针对应用的规模大小和原先的业务情况，分别部署 SQL Server（针对小型业务）和 Oracle（针对大型业务），当然也可以考虑 DB2 等数据库。由于虚拟资源管理平台具有相当的灵活性和可扩展性，因此数据库的种类不会影响 PaaS 的部署。

在分布式文件系统基础上部署分布式并行计算框架，为分布式海量数据处理

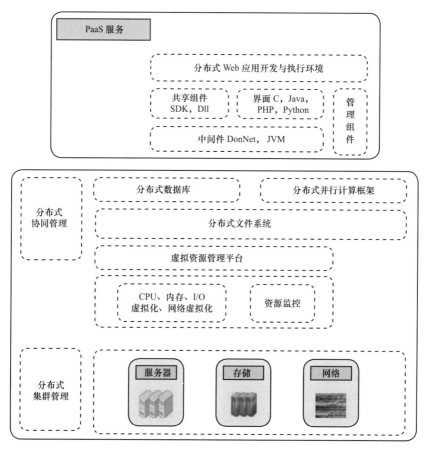

图 2-18　分布式并行计算平台

和大规模计算提供更为方便的开发接口，通过将计算推向数据存储节点的方式，尽量减少海量数据的传输。中间件部分为照顾电网已有业务开发者的习惯，可以考虑 .Net 或 JVM 等多种平台并存的形式。在中间件确定后，可以根据其本身的体系部署相应的共享组件及开发包。尽管 SalesForce 之类的 PaaS 大型企业开发了自己的语言，但是依然采用更为大众化的编程语言，如 C、Java、PHP 等，不仅为了照顾编程人员，而且还考虑到已有业务的移植、修改、升级等以后构建电力物联网所必然要面对的问题。

2.6 应用服务

在输变电系统实时状态感知的基础上，把感知层感知的信息根据不同的应用与业务需求进行分析和处理，形成包括应用基础设施、中间件和各种应用的体系架构，并实现电力物联网的各种应用。电力传感器网络应用涉及智能电网全寿命周期的生产、管理环节，通过采用智能计算、模式识别等技术实现电网信息的综合分析和处理，实现智能化的决策、控制和服务水平的不断提升。按照电力系统的组成环节，基于智能电网的传感器网络应用验证系统主要包括以下 8 类重要系统：①线路多维感知在线监测系统；②配电巡检系统；③电气设备状态在线监测系统；④电力设施防护及安全保电支撑平台；⑤配电现场作业监管系统；⑥智能用电服务系统；⑦用电信息采集系统；⑧基于 RFID 的电力物联网设备管理系统[90]。

2.6.1 线路多维感知在线监测系统

中低压架空输电线路和输电电缆是电网的重要组成部分，由于微风造成的微风振动、导线风偏是造成高压架空输电线路疲劳断股的主要原因；强风条件造成的线路舞动对高压输电线路会造成极大破坏；同时低温天气造成的线路覆冰，杆塔拉线更容易结冰并且对称的拉线结冰往往不平衡，会导致杆塔的倾斜甚至倒塔，这些都是输电线路安全保障的巨大隐患。

通过在整条输电线路上部署多功能骨干节点、MEMS 加速度（陀螺仪）传感器节点，并在高压杆塔上布设泄漏电流传感器节点、通信骨干节点构成一个传感器簇，多个簇构成线状网络并通过通信骨干节点构成整个输电线路在线监测系统，实现了对输电线路的各种状态，如覆冰、污秽、温度、舞动、微气象等多方位可视化实时监控和故障预警。

2.6.2 配电巡检系统

电网的输电、变电、配电环节设备种类多，运维工作量大，通常需要大量人力开展日常巡检的工作。通过无线传感器和 RFID 射频识别技术结合，实现对各种电力设备日常运行过程中的运行参数、设备状态异常、设备破损、性能降低等参数的观察和记录。同时，通过对采集数据的分析，对隐患进行评估和预警，避免电网设备出现故障。输变配电巡检系统架构如图 2-19 所示。

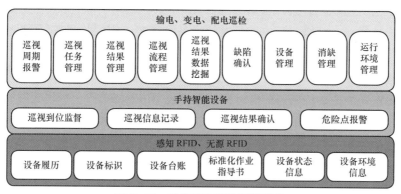

图 2-19　输变配电巡检系统架构

　　系统基于传感器网络技术及 RFID 射频识别技术，实现了巡检人员到达现场并按预定路线巡视的监督功能；同时，辅助加入了环境信息与状态监测传感器，精确检测设备工作环境与状态，能够精准确认巡检人员并且采集电力设备的运行环境信息、工作状态信息，大幅提升了巡检的工作质量。

2.6.3　变电站设备状态在线监测系统

　　变电站是电力系统的重要组成部分，是电网基础运行数据的采集源头和命令执行单元，变电设备安全运行以及变电站安全直接影响电网的安全运行。开展输变电设备状态检修，以提高设备利用率，延长设备寿命，减少停电次数/停电时间，提高输电效率。输变电设备状态监测也将作为辅助的设备状态的诊断手段，在输变电设备状态检修中发挥巨大作用。通过多传感器集成、多信息采集、信息融合及抗强电磁干扰等技术建立的智能电网变电站状态监测系统，实现了对变电站内各类设备及安全防护的实时监测，包括变压器油气、局放在线监测，断路器动特性、微水在线监测，互感器、避雷器绝缘在线监测，变电站安防监测，互感器动态计量在线监测等。

　　在线监测系统通过对变电站各种状态量采集，将数据传输到后台专家系统进行分析与决策，能准确反映出变电站的各种状态，提供安全评价。

2.6.4 电力设施防护及安全保电支撑平台

基于电力物联网，运用多种传感器组成协同感知网络、无线传感器网络技术，在户外线路、杆塔、配电变压器等设备上按照一定的策略部署、安装振动、位移、电压变化、红外线等传感器，采集、处理现场信息，报警并协同处理，能够有效地实现对电网状态信息及设备的运行状态信息监测、预警防护。系统一般由地埋固定无线振动传感器节点、移动无线振动传感器节点、杆塔无线倾斜传感器节点、杆塔无线（声）振动传感器节点、无线防拆卸螺栓传感器节点、无线被动红外线传感器节点、智能视频传感器节点、电力通信网络骨干节点等组成，电力设施防护及安全保电支撑平台系统架构如图 2-20 所示。

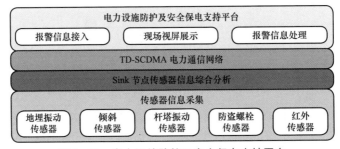

图 2-20 电力设施防护及安全保电支持平台

通过多种传感器组成协同感知，实现对电网主要基础设施（如设备、配电线路、杆塔等）破坏、盗窃行为的有效定位、监测和预警，对监控范围内配电设备进行全方位防护。

2.6.5 配电现场作业监管系统

由于电力系统运维的复杂性，电力现场作业管理难度大，常会出现误操作、误进入等安全隐患。利用电力物联网技术可以进行身份识别、电子工作票管理、环境信息监测、远程监控等，实现调度指挥中心与现场作业人员的实时互动，进而消除安全隐患。

基于电力物联网技术的配电现场作业监管系统，通过安装在作业车辆上的视频监视设备和设备上的 RFID 标签，远程监控作业现场情况、现场核实操作对象和工作程序，紧密联系调度人员、安监人员、作业人员等多方情况，使各项现场工作或活动可控、在控，减少人为因素或外界因素造成的生产损失，从而有力保障人身安全、设备安全、系统安全,并大幅提高工作效率。配电现场作业监管系统架构如图 2-21 所示。

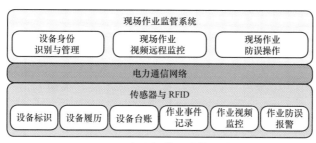

图 2-21　配电现场作业监管系统架构

2.6.6　智能用电服务系统

智能用电服务作为电网用电环节的关键部分,是实现电网与用户之间实时交互响应,增强电网综合服务能力,满足互动营销需求,提升服务水平的重要手段,加强用户与电网之间的信息集成共享和实时互动,实现用电的智能化、互动化,进一步改善电网运营方式和用户对电能的利用模式,提高终端用户用能效率。通过对公变、低压工商户、低压居民户用电信息的采集,实现线损考核、预付费业务管理。通过对智能开关、智能家电的自动化监控,将通信网络延伸到用户家庭,可实现用户用电信息、电力交易信息发布及用户用电智能管理等智能电网用户服务功能。

智能用电服务系统通过智能交互终端或交互机顶盒实现用户与电网之间的互动,实现能效管理、物业管理、增值服务、社区医疗等一系列特色服务,体现出良好的交互性和智能化特色,应用物联网的技术,组建家庭内部网络,实现电热水器、空调、电冰箱等家庭灵敏负荷的用电信息采集和控制,建立集紧急求助、燃气泄漏、烟雾探测、红外探测于一体的家庭安防系统。

2.6.7　用电信息采集系统

用电信息采集系统的采集对象包括专线用户、各类大中小型专用变压器用户、各类 380/220V 供电的工商业用户和居民用户、公用配电变压器考核计量点。用电信息采集系统主要功能包括数据采集、数据管理、自动抄表管理、费控管理、有序用电管理、异常用电分析、线/变损分析、安全防护等，为智能用电双向互动服务提供数据支持。系统分为主站层、通信信道层、采集设备层。用电信息采集系统架构具体如图 2-22 所示。

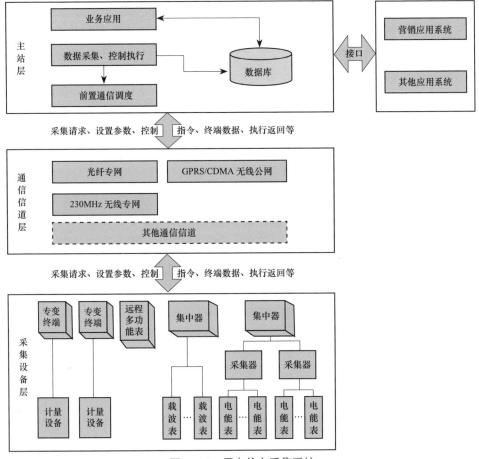

图 2-22　用电信息采集系统

　　主站层实现了营销采集业务应用、前置采集平台、数据库管理 3 部分功能，为电力营销业务提供相应的支撑；通信信道层是连接主站和采集设备的纽带，提供可用的有线和无线的通信信道，主要采用的通信信道有光纤专网、GPRS/CDMA 无线公网、230MHz 无线专网；采集设备层完成用户用电信息的采集。该层可分为终端子层和计量设备子层。

2.6.8　基于 RFID 的电力物联网设备管理系统

将物联网技术应用于电力资产设备管理中，通过对设备信息的识别、整合、处理和加工，实现电力设备全方位的信息管理，有效提高电力资产设备管理的效率。在电力企业的生产活动中，设备和设备管理占着非常重要的地位。它关系到电力企业的机械化、自动化水平的提高，关系到电能的生产、输送和消费能否连续顺利地进行。如果电气设备的参数不符合要求，会直接影响到电能的质量、安全及环保等，从而直接影响到电力企业的综合经济效益。另外与其他类型设备相比，具有许多基于电气设备本身作用的独特性。

在进行电力设备管理系统设计时，从目前电力企业普遍需求来看，应包括电力设备的档案管理模块、缺陷管理模块、检修管理模块等，一般来说，设备管理系统以设备档案和设备缺陷管理为主线，从生产运行单位填报的设备运行情况开始，到设备状况的查询和分析等内容，为设备缺陷查询、制定缺陷消除生产计划、消缺结果考核、检修工作进展情况等工作，均能提供基础数据资料和决策应用数据。根据电气设备的特点、电力物联网设备管理目标及电力设备管理系统的功能需求分析等，面向电力物联网设备的管理系统主要由基于物联网技术的射频标签、自动识别装置、管理中心服务器和监控计算机组成。如图 2-23 所示。

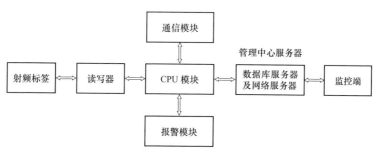

图 2-23　面向电力物联网设备的管理系统

面向电力物联网的设备管理系统能够实现标签数据的采集、传输与运算，及时将电网运行参数传递给运行人员，方便运维人员掌握、分析电气设备的状态，完成操作过程。

本章小结

本章明确了电力物联网建设的基本原则和要求，对电力物联网的总体架构、技术体系和应用进行了论述。分别从传感控制、网络通信和平台架构三方面对电力物联网涉及的具体架构进行了详细讨论，以及基于电力物联网可以开展的相关应用服务工作。

第 3 章 电力物联网关键技术

3.1 物联网

3.1.1 基本概念

按照国际电信联盟（ITU）的定义，物联网主要解决物品与物品（Thing to Thing，T2T），人与物品（Human to Thing，H2T），人与人（Human to Human，H2H）之间的互联。但是与传统互联网不同的是，H2T 是指人利用通用装置与物品之间的连接，从而使得物品连接更加简化，而 H2H 是指人之间不依赖于 PC 而进行的互联。因为互联网并没有考虑到对于任何物品连接的问题，故我们使用物联网来解决这个传统意义上的问题[91]。

物联网，顾名思义就是连接物品的网络，许多学者讨论物联网，经常会引入一个 M2M 的概念，可以解释成为人到人（Man to Man）、人到机器（Man to Machine）、机器到机器（Machine to Machine）。人到机器的交互一直是人体工程学和人机界面等领域研究的主要课题，但是机器与机器之间的交互已经由互联网提供了最为成功的方案。从本质上而言，人与机器、机器与机器的交互，大部分是为了实现人与人之间的信息交互，万维网（World Wide Web）技术成功的动因在于：通过搜索和链接，提供了人与人之间异步进行信息交互的快捷方式。

中国物联网校企联盟将物联网定义为：当下几乎所有技术与计算机、互联网技术的结合，实现物体与物体之间，环境以及状态信息实时的共享以及智能化的收集、传递、处理、执行[92]。广义上说，当下涉及信息技术的应用，都可以纳入物联网的范畴。

3.1.2 发展趋势

业内专家认为，物联网一方面可以提高经济效益，大大节约成本；另一方面可以为全球经济的复苏提供技术动力。美国、欧盟等都在投入巨资深入研究探索物联网。我国也正在高度关注、重视物联网的研究，工业和信息化部会同有关部门，在新一代信息技术方面正在开展研究，以形成支持新一代信息技术发展的政策措施[93]。此外，普及以后，用于动物、植物和机器、物品的传感器与电子标签及配套的接口装置的数量将大大超过手机的数量。物联网的推广将会成为推进经济发展的又一个驱动器，为产业开拓了又一个潜力无穷的发展机会。按照对物联网的需求，需要按亿计的传感器和电子标签，这将大大推进信息技术元件的生产，同时增加大量的就业机会。

物联网拥有业界最完整的专业物联产品系列，覆盖从传感器、控制器到云计算的各种应用[94]。服务于智能家居、交通物流、环境保护、公共安全、智能消防、工业监测、个人健康等各个领域，构建"质量好、技术优、专业性强，成本低，满足客户需求"的综合优势，持续为客户提供有竞争力的产品和服务。

物联网是新一代信息网络技术的高度集成和综合运用，是新一轮产业革命的重要方向和推动力量，对于培育新的经济增长点、推动产业结构转型升级、提升社会管理和公共服务的效率和水平具有重要意义。发展物联网必须遵循产业发展规律，正确处理好市场与政府、全局与局部、创新与合作、发展与安全的关系。要按照"需求牵引、重点跨越、支撑发展、引领未来"的原则，着力突破核心芯片、智能传感器等一批核心关键技术；着力在工业、农业、节能环保、商贸流通、能源交通、社会事业、城市管理、安全生产等领域，开展物联网应用示范和规模化应用；着力统筹推动物联网整个产业链协调发展，形成上下游联动、共同促进的良好格局；着力加强物联网安全保障技术、产品研发和法律法规制度建设，提升信息安全保障能力；着力建立健全多层次多类型的人才培养体系，加强物联网人才队伍建设[95]。

和传统的互联网相比，物联网有其鲜明的特征。

首先，它是各种感知技术的广泛应用。物联网上部署了海量的多种类型传感器，每个传感器都是一个信息源，不同类别的传感器所捕获的信息内容和信息格式不同。传感器获得的数据具有实时性，按一定的频率周期性的采集环境信息，不断更新数据[96]。

其次，它是建立在互联网基础上的物联网。物联网技术的重要基础和核心仍旧是互联网，通过各种有线和无线网络与互联网融合，将物体的信息实时准确地传递出去。在物联网上的传感器定时采集的信息需要通过网络传输，由于其数量极其庞大，形成了海量信息，在传输过程中，为了保障数据的正确性和及时性，必须适应各种异构网络和协议。

还有，物联网不仅仅提供了传感器的连接，其本身也具有智能处理的能力，能够对物体实施智能控制。物联网将传感器和智能处理相结合，利用云计算、模式识别等各种智能技术，扩充其应用领域。从传感器获得的海量信息中分析、加工和处理出有意义的数据，以适应不同用户的不同需求，发现新的应用领域和应用模式[97]。

3.1.3　创新 2.0 模式

邬贺铨院士指出，物联网是互联网的应用拓展，与其说物联网是网络，不如说物联网是业务和应用[98]。因此，应用创新是物联网发展的核心，以用户体验为核心的创新 2.0 模式是物联网发展的灵魂。物联网及移动技术的发展，使得技术创新形态发生转变，以用户为中心、以社会实践为舞台、以人为本的创新 2.0 形态正在显现，实际生活场景下的用户体验也被称为创新 2.0 模式的精髓[99]。

其中，政府是创新基础设施的重要引导和推动者，比如欧盟通过政府搭台、PPP 公私合作伙伴关系构建创新基础设施来服务用户，激发市场及社会的活力。用户是创新 2.0 模式的关键，也是物联网发展的关键，而用户的参与需要强大的创新基础设施来支撑。物联网的发展不仅将推动创新基础设施的构建，也将受益于创新基础设施的全面支撑。作为创新 2.0 时代的重要产业发展战略，物联网的发展必须实现从"产学研"向"政产学研用"，再向"政用产学研"协同发展转变[100]。

3.2　信息物理融合系统

3.2.1　基本概念及架构

信息物理融合系统（Cyber-Physical Systems，CPS）是一个综合计算、网络和物理环境的多维复杂系统，其核心是通过 3C（Computation，Communication，Control）的有机融合与深度协作，实现大型工程系统的实时感知、动态控制和信息服务，以使系统更加可靠、高效和实时协同，并具有计算、通信、精确控制、远程协作和自治功能，具有重要而广泛的应用前景[101]。其典型的结构如图 3-1 所示。

（1）物理世界。包括各种受控的物理实体（一般以嵌入式设备的形式存在）和实体所处的物理环境。

（2）传感器网络。分布式传感器网络由若干分散的传感器节点及其汇集节点组成，传感器节点负责感知物理世界的物理属性，比如温度、湿度、电流、电压等参数，然后经汇集节点发送给信息中心进行分析处理。

（3）分布式计算平台。CPS需要实时处理海量的数据信息以实现对系统的最优控制，这就需要利用像云计算这样的技术来整合各种分布式异构计算资源以获得强大的计算和存储能力。

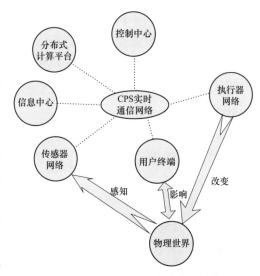

图3-1　信息物理系统的典型结构

（4）控制中心。CPS如要实现对系统的最优控制还必须把集中控制与分散控制结合起来。比如：基于事件驱动的分布式控制单元可接收来自传感单元的事件和信息中心的信息，根据控制规则进行处理，实现对物理设备的局部控制；控制中心则从整体优化运行的角度在线调整控制系统的参数，在必要时直接向执行器网络的控制节点发出相应的调整控制命令。

（5）执行器网络。执行器网络由若干执行器单元和控制节点组成，控制节点负责接受控制中心发来的控制命令，并将命令派发给某个或某些具体的执行器单元执行，以便调整与控制物理世界的某些物理属性。

（6）信息中心。主要是数据服务器，能为事件的产生提供分布式的记录方式，事件可以通过传输网络自动转换为数据服务器的记录，存储为历史数据。另外，负责检查用户身份的合法性，并响应合法用户的数据查询和分析请求。

（7）CPS实时通信网络。CPS是一种分布式实时系统，需要实时网络支持。CPS的实时网络主要用于连接系统其他各部分，以保证数据包在传输过程中的延迟具有可预测性。

（8）用户终端。指用户和CPS之间的接口，主要包括手机、笔记本电脑、桌面计算机及其他特定智能终端设备。

3.2.2　CPS 的特点

CPS 由计算设备、网络设备、物理设备融合而成，所有设备相互协作，共同决定其独特的功能和特征。其主要特点如下[102]。

（1）复杂性。CPS 是一个多维度而非单维度的开放式系统，具有高度的复杂性，能支持建造国家级，甚至全球级的大型或者特大型物理设备联网。它由很多具有通信、计算和决策控制功能的设备组成智能网络，使物理设备具有计算、通信、精确控制、远程协调和自治五大功能，所有设备相互协作，使整个系统处于最佳状态。

（2）异构性。CPS 是一个异构的分布式系统，由多种异构的通信网络、计算系统、控制系统和异质的物理设备构成。因此涉及多样的异构数据需要处理。

（3）深度融合。CPS 通过计算进程和物理进程相互影响的反馈循环实现深度融合，通过实时交互来扩展新的功能，每个物理设备均深度嵌入了计算和通信功能。这导致了计算对象从数字的变为模拟的，从离散的变为连续的，从静态的变为动态的，是一个有多种类型的计算对象并存的系统。

（4）自组织与自适应性。CPS 从规模上可以覆盖一个大的区域甚至整个国家，其接入的物理设备数量非常庞大，管理非常困难。CPS 促进了嵌入式系统和混合系统的生成，可以通过代理来实现自组织、自适应，使计算组件和物理环境之间实现更灵活的交互。

（5）实时性。CPS 需要及时了解物理设备的现况，通过网络化控制手段对物理设备进行必要的控制和干预。但由于移动设备的接入会造成设备状态的随机变化，所以需要对物理设备进行实时动态重组。这对计算过程的时间确定性和并行性要求很高，对网络实时性要求也非常高。

（6）海量性。大型 CPS 是由大量的物理设备彼此连接和整合而成的动态网络。这些数量庞大的智能设备在进行实时数据采集和信息交互时，会产生巨大的数据量。因而海量数据处理的需求会变得非常迫切。

CPS 系统把计算与通信深深地嵌入实物过程，使之与实物过程密切互动，从而给实物系统添加新的能力。这种 CPS 系统小如心脏起搏器，大如电网系统。由于计算机增强（Computer Augmented）的装置无处不在，CPS 系统具有巨大的经济影响力。

CPS 的研究与应用将会改变人类与自然物理世界的交互方式，在健康医疗设备与辅助生活、智能交通控制与安全、先进汽车系统、能源储备、环境监控、航空电子、防御系统、基础设施建设、加工制造与工业过程控制、智能建筑等领域均有着广泛的应用前景[103]。

CPS 是物理过程和计算过程的集成系统，是人类通过 CPS 系统包含的数字世界和机械设备，与物理世界进行交互。这种交互的主体既包括人类自身，也包括在人的意图指导下的系统。而作用的客体包括真实世界的各方面：自然环境、建筑、机器，同时也包括人类自身。

CPS 具有自适应性、自主性、高效性、功能性、可靠性、安全性等特点和要求。物理构建和软件构建必须能够在不关机或停机的状态下动态加入系统，同时保证满足系统需求和服务质量。比如一个超市安防系统，在加入传感器、摄像头、监视器等物理节点或者进行软件升级的过程中，无须关掉整个系统或者停机就可以动态升级。CPS 应该是一个智能的，有自主行为的系统。CPS 不仅能够从环境中获取数据，进行数据融合，提取有效信息，并且可以根据系统规则通过效应器作用于环境。

3.2.3　电网 CPS 的技术特征

电网是规模最大也是最复杂的互联系统之一，是典型的 CPS 研究对象。电网 CPS 旨在充分反映电网运行的物理过程和信息过程，体现两者融合机理和相互作用机制，以期通过更高级的控制方式提升系统整体性能，并优化全局系统运行，提高能源利用率、设备利用潜力及系统可靠性、安全性和稳定性。构建电网 CPS，将从信息物理的融合机理和控制应用两方面着手。电网 CPS 的技术特征如下[104]。

（1）电网物理系统与信息系统融合。即电网一次系统与二次系统在功能方面高度协调。同时，在机理方面降低两系统的异构特征，具有能够统一描述两类系统的表达形式。

（2）电网连续过程与离散过程融合。传统电网研究关注系统的连续演变。离散事件通常用作连续演变的场景划分。CPS 是时间驱动与事件驱动的并发系统[105]。其中物理系统强调对现实世界的细致抽象。电网作为连续过程与离散状态并存、时间与事件共同作用的物理系统，从建模、分析、控制等各方面都要体现连续与离散的内在联系。电网 CPS 连续过程与离散过程的融合，满足了物理系统精确、全面抽象的需要，能够与信息系统的离散形态相融合，更能体现电力系统的实际特性。

（3）全景信息采集与灵活应用。电网 CPS 具备与信息流特点相匹配的信息采集控制网络，实现一次设备、控制终端、多级控制器互通，兼容多种通信协议、信息模型，满足装置"即插即用"需求，能准确传递、识别信息流，按功能和通信资源优化信息路径和信息内容，充分考虑电网协调控制与优化分析需要。

3.3　云计算

3.3.1　云计算的概念

云计算的概念出现在 2007 年底，目前对云计算比较普遍的定义为：云计算是分布式计算、并行计算和网格计算的发展，或者说是这些计算机科学概念的商业实现[106]。作为基于互联网络的超级计算模式，云计算是以下概念混合演进并跃升的结果：虚拟化、效用计算、基础设施即服务（Infrastructure as a Service，IaaS）、平台即服务（Platform as a Service，PaaS）、软件即服务（Software as a Service，SaaS）等。云计算有狭义和广义之分，广义云计算是服务的交付和使用模式，而不关心服务的实现和管理维护。云计算构成与演进过程如图 3-2 所示。

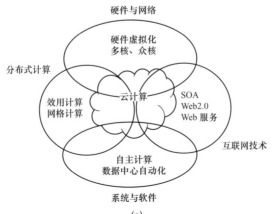

(a)

图 3-2　云计算构成与演进过程（一）

(a) 云计算构成

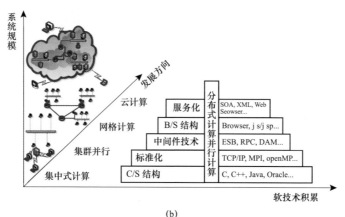

(b)

图 3-2 云计算构成与演进过程（二）

（b）云计算演进

云计算是网格计算、并行计算、网络存储、虚拟化、容错处理和负载均衡等融合发展的产物[107]，也是基于 C、C++、Java、C/S 结构、标准化中间件、B/S 结构等软技术积累的结果，它是分布式并行计算新的发展方向，改变了传统面向特定应用的计算模式，实现了"数据集中、计算集中"向"数据分布、计算分布"的转变，在计算高峰和低谷时能动态地配置计算资源以提高资源利用率。它因互联网技术进步发展而应运而生，可以把它看作一个"互联网"版操作系统，与网格计算的区别关系见表 3-1。

表 3-1 云计算与网格计算的区别

不同点	网格计算	云计算
获取对象	共享的资源	提供的服务
计算节点	分散的 PC 或服务器	集群、分散的 PC 或服务器
计算类型	计算密集型	数据密集型、任务密集型、计算密集型
运行环境	同构系统	既支持同构也支持异构系统
虚拟化	数据和计算资源的虚拟化	软 / 硬件、存储、数据、计算的虚拟化
兼容性	较差	较容易
容错机制	任务重启	虚拟机迁移技术实现继续执行
网络管理	重新配置	自我配置、自我管理
安全性	公私钥技术	利用虚拟技术进行隔离
易用性	难以使用	用户友好

分布式数据存储管理和计算模型是云计算提供软件服务的关键技术[108]。其中，分布式数据存储管理模型不再采用传统的基于单一高性能节点或专用硬件来提高访问速度，取而代之的是在廉价设备上实现高性能存储的考虑，使得基于对象的存储系统介于文件系统和数据库之间，能够为数据的结构化提供语义解释，使得扩展性和容错性成为衡量分布式存储系统的一个核心指标。分布式编程模型为用户提供了基本的编程语义，运行时系统支持，以及任务调度、容错、安全审计等。MapReduce 模型是分布式编程模型的典范。针对 MapReduce 计算模型不适合处理迭代类计算应用的问题，相关研究者又提出了 iMapReduce，HaLoop 等计算模型。

云计算为大电网一体化在线分析计算提供了一个新的解决方案，通过将电力系统在线计算软件封装为通用的计算工具和服务并发布到云端，对外提供按需在线计算服务，有利于各类在线应用之间的信息共享和协作。

3.3.2　云计算的特点

云计算是将计算分布在大量的分布式计算机上，而非本地计算机或远程服务器中，企业数据中心的运行将与互联网更相似。这使得企业能够将资源切换到需要的应用上，根据需求访问计算机和存储系统。这好比是从古老的单台发电机模式转向了电厂集中供电的模式。它意味着计算能力也可以作为一种商品进行流通，就像煤气、水电一样，取用方便，费用低廉。而最大的不同在于，它是通过互联网进行传输的。

3.3.3　云计算技术

1．虚拟化技术[109]

虚拟化，是指计算元件不是在真实的基础上而是在虚拟的基础上运行，是一种优化资源和简化管理的解决方案[110]。虚拟化技术适合在云计算平台中的应用，虚拟化的核心解决了脱离硬件的依赖，提供统一的虚拟化界面。通过虚拟化技术，可以在一台服务器上运行多台虚拟机，从而达到服务器的优化和整合目的。

虚拟化技术通过动态资源伸缩的手段，降低了云计算基础设施的使用成本，提高了负载部署的灵活性。比如，当虚拟化数据中心需要维护和管理时，并不需要关闭虚拟机或关闭程序，只需要把虚拟机迁移到另一台服务器上。因此，云计算在数据中心虚拟化过程中，具有在线迁移、低开销管理、服务器整合、灵活性和高可用性等优势。

2. 中间件技术

中间件即是运行在两个层次之间的一种组件，是在操作系统和应用软件之间的软件层次，支持应用软件的开发、运行、部署和管理的支撑软件称为中间件。中间件可以屏蔽硬件和操作系统之间的兼容问题，并且具有管理分布式系统中节点间的通信、节点资源和协调工作等功能，通过中间件技术，可将不同平台的计算机节点组成一个功能强大的计算机分布系统。而云环境下的中间件，主要功能是对云服务资源进行管理，主要包含用户管理、任务管理、安全管理，为云计算提供可靠的部署、运行、开发和应用提供高效支撑。

3. 存储技术

在云计算中，存储技术通常和虚拟技术相互结合起来，通过对数据资源虚拟化，提高访问效率。目前数据存储技术有开源（Hadoop Distributed File System，HDFS）和 Google 的非开源（Google File System，GFS）。这些技术具有高吞吐率、分布式和高速传输等优点，适合云计算中为大量用户提供云服务。

3.3.4　云计算的应用

1. 云安全

由于云计算本质上是一个用于海量数据处理的计算平台，可将云计算运用于电力物联网产生的海量数据处理，提高电力物联网的运行效率和设备利用率。不过目前云计算平台也面临着诸多安全挑战。如，用户不直接控制数据，无法掌握私密数据的安全性；大量数据的快速更新是否能够保证数据的一致性和准确性。敏感数据如果信息遭到窃取、窜改等恶意攻击，将危及电网运行的可靠和安全，后果极为严重。因此，在电力物联网环境下如何保证云计算平台中数据的安全性是一项迫切需要解决的课题[110]。

云安全是"云计算"技术的重要分支。云安全的宏伟目标是：使用者越多，每个使用者就越安全，整个互联网就会更安全。大量客户端对网络中软件行为的异常监测，获取互联网中恶意程序、木马的最新信息，推送到服务器端进行自动分析和处理，然后将木马和病毒的解决办法分发到每一个用户。整个互联网变成了一个超级大的杀毒软件，只要有新木马病毒出现，就会立刻被截获并处理。

2.云存储

云存储是在云计算概念上发展和延伸出来的一个新的概念。云存储的应用现在已经非常广泛，比如 Google Docs、Office 365、Quip、ZOHO、一起写和石墨、谷歌的 Google　Wallet、诺基亚推出的 Here 云地图、webQQ 和网盘等，基本可以解决用户的存储空间不足，更换设备时数据拷贝及设备损坏时的问题。

随着电力系统的不断发展，信息存储的成本逐渐升高，仅仅依靠存储设施的构建不管是从成本优化还是信息存储方面都不能满足要求，造成企业成本的大量浪费。分布式云存储技术的应用，使得信息存储问题得到了解决，为企业节省了购买存储设施所耗费的成本，还使得信息的存储和应用更加便捷，安全性更高，具有较大的应用价值[111]。

3.云游戏

云游戏是以云计算为基础的游戏方式。在云游戏的运行模式下，所有游戏都在服务器端运行，让游戏更简单：无须下载、安装、配置，没有延时，一秒钟进入游戏无须高端的处理器和显卡。在上网本、手机、电视上运行任何 PC 游戏。

当前虽然云游戏还并没有成为家用机和掌机界的联网模式，但是云游戏平台似乎已成为一个大趋势。自索尼推出 PlayStation Now 后，阿里巴巴首发游戏包括 EA 的"极品飞车"、Konami 的"实况足球 2014"、2K Sports 的"NBA 2K14"、时代华纳互动娱乐的"蝙蝠侠：阿甘之城"等。与此同时，Gameloft、EA、华数、Glu Mobile 等内容及游戏提供商成为合伙伙伴，未来将在"教育 + 游戏 + 音乐 + 影视"等领域发力。

3.3.5　云计算所面临的挑战

虽然云计算会带来积极的外部效应，但其消极的外部性问题也不容忽视。

1.安全

（1）数据安全。在企业内部数据向云端迁移的过程中，最重要的一个问题就是数据的安全问题。自己管理与保存数据相比托管代理管理、保存数据，其安全系数较高。如银行业务，因为有政府的法律约束，人们对银行就会有较大的信任。目前关于政府如何支持规范云计算，还有待探讨。但凡事都会存在风险与机遇。通过两者均衡，用户可找出适合自己的数据安全方案。

（2）系统可靠性。就像城市中偶尔会停水停电一样，网络也会出现有故障的时候。面对故障，企业如何应对这些突发事件，以及具备云计算中心故障恢复的能力，也成为其中的关键问题。

（3）网速的保障问题。即是否有足够的带宽支持云计算。目前大多数用户上网，尚面临着打开一个网页耗时长的问题，更何况把所有资料托付给网络。

此外，云计算还缺乏统一的规范，包括市场规范和政府的法律与约束。一旦出现纠纷，应如何排解，需要进一步完善。

2．竞争

云计算对传统的硬件和软件制造商造成了冲击。原先卖给用户的计算机硬件设备或软件，现在只能卖给超级计算机中心。这使得这些厂商随之衰落，现有的利益无疑会受到威胁。市场如何调节这些因素，这些厂商如何寻找新的出路，是一个亟待解决的难题。

另外是云计算公司之间的竞争问题。目前推出的云计算方案各有不同，这也就面临着连接各种计算机系统的技术标准、维护云计算正常运作的软件技术标准各异的问题。而云计算技术缺乏相关的标准，使用户将数据和应用在不同云计算服务提供商之间转移成为一个问题。

3．政企分开

云计算一开始只定位在企业级应用。对于政府部门的重要信息来说，如果政府将这些信息交给某一家云计算公司，而这家公司将这些信息非法出售的话，将引发巨大的社会问题。目前对云计算的研究仍然处在商业应用的层次，这使得云计算模式出现了政企分开的问题。那么如何解决企业级云应用与政府级云应用之间的关联，也将是一项巨大的挑战。

3.4 大数据

3.4.1 大数据的概念

早在 1980 年，著名未来学家阿尔文·托夫勒便在《第三次浪潮》一书中，将大数据热情地赞颂为"第三次浪潮的华彩乐章"。不过，大约从 2009 年开始，

"大数据"才成为互联网信息技术行业的流行词汇。"大数据"是指以多元形式，自许多来源搜集而来的庞大数据组，往往具有实时性。

大数据是一个比较抽象的概念，从字面上看，它代表了一个巨大的数据量。大数据是使用常用的软件工具来捕获、管理和处理数据，所耗时间超过一个可容忍时间的数据集合。大数据把大量的数据，通过快速收集、筛选、整合、处理与分析，获得一个非常有价值的结论，以支持预期和服务决策[112]。"大数据"的"大"不仅体现在数量庞大，更重要的是数据发生质的变化，即数据具有网络化和交互性特性[113]。

3.4.2　大数据的特征

大数据的特征有四层面，业界将其归纳为 4 个"V"。

1．数据容量大（Volume）

数据存储量从 TB（1024GB=1TB）级别，跃升到 PB（1024TB=1PB），EB（1024PB=1EB），ZB（1024EB=1ZB）级别，计算量随之增大。

2．数据类型繁多（Variety）

数据类型不仅包含数据表一类的结构化数据，也有半结构化的数据，如文本、网页、网络日志、图像、视频、地理位置等，各种数据之间交互十分频繁和普遍。

3．价值密度低（Value）

其价值密度远远低于传统关系型数据库中的已有数据。以视频为例，连续不间断监控过程中，可能有用的数据仅有一两秒。

4．处理速度快（Velocity）

数据生成、存储和变化速度极快，一般要在秒级时间范围内给出分析结果，时间太长就失去价值了，即"1 秒定律"或者秒级定律。最后这一点与传统的数据挖掘技术有着本质的不同。

大数据现代信息社会的特征是全社会范围内数据的互联互通，数字化程度更广泛更深入。对企业来讲，大数据不单是技术层面，也不单是数据心态特征层面，而主要是实现"数据驱动业务"的相关战略和战术，是一种运营模式的转变，即由数据支持业务转向数据驱动业务。在这种定义下，大数据的特征主要是大、广、联。

3.4.3 大数据分析过程

大数据需要特殊的技术，以有效地处理时间不同步、类型多元、空间上混杂着半结构化与非结构化的海量数据。适用于大数据的技术，包括大规模并行处理（MPP）数据库、数据挖掘、分布式文件系统、分布式数据库、云计算平台、互联网、可扩展的存储系统等[114]。

大数据的分析处理过程如图 3-3 所示，主要分为大数据采集、大数据导入 / 预处理、大数据统计 / 分析、大数据挖掘等主要步骤。

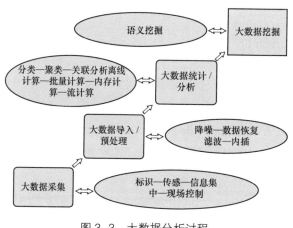

图 3-3 大数据分析过程

1．大数据采集

大数据的采集离不开因特网和物联网技术，主要技术包括标识、传感和数据集中等。标识技术包括 RFID、条形码、二维码、生物特征识别（虹膜、指纹、语音）等。

传感功能一般使用嵌入式传感器，可以形成传感器网络，在电力系统中对影响或反映电网运行状态的各种指标和数据进行采集，采集类型包括状态量、电气量或量测量等，采集结果可以用于 SCADA、WAMS 或 CAC/CAG 等监测系统中。为了使处理尽量在本地进行，同时减少通信带宽消耗，本地集中处理是一种有效的技术。集中处理可以减少信息冗余，提高网络的用户容纳能力和带宽利用效率。

2．大数据导入 / 预处理

为了实现大数据分析，需要将采集到的数据导入到内存或数据库中，其中涉及格式和标准的统一、非结构化数据的存储和建模等。

　　数据导入还需要进行预处理。受物理环境、天气以及监控设备的老化或故障等因素的影响，采集数据中不可避免地存在噪声或错误的数据。同时，恶劣的通信环境也将导致数据的错漏和丢失。因此，需要对相关采集数据进行降噪并恢复丢失数据，这一过程又称为数据清洗。降噪主要通过平滑滤波。对平稳系统，高频部分很可能对应着噪声分量，对高频部分进行处理可以有效地减少噪声。同时，平滑滤波也可以作为恢复丢失数据的一种手段。另外，通过内插技术，可以有效地恢复丢失的数据。

　　滤波的技术有很多种，包括维纳滤波、卡尔曼滤波、扩展卡尔曼滤波和粒子或粒子群滤波等，分别针对平稳系统、线性或类似线性系统和非平稳非线性系统。系统处理能力越大，滤波效果越好，但同时计算也越复杂。内插可以分为线性内插、抛物线内插、双线性内插和其他函数内插等，均基于数据间的相关性假设实现。

　　3．大数据统计/分析

　　要挖掘大数据的大价值必然要对大数据进行统计与分析。大数据统计和分析的具体技术包括分类、聚类、关联等，按照处理的时间特性可以分为离线计算、批量计算、内存计算和流计算等。

　　在数据分析中，经常需要对数据进行分类。大数据分类所采用的算法包括临近算法、SVM 支持向量机、Boost 树分类、贝叶斯分类、神经网络、随机森林分类等，分类算法中可以融合模糊理论以提高分类性能。聚类可以理解为无监督的分类，主要使用 k-Means 等算法。关联分析是数据分析的主要方法之一，主要基于支持度和置信度挖掘对象之间的关联关系，基本算法包括 Apriori 和 FP-Growth 等算法。为了适应大数据的特点，Mahout 使用并行计算实现数据挖掘算法，大大减少了计算时延。

　　从机器学习和多层神经网络演化而来的深度学习是当前大数据处理和分析方法的研究前沿。

　　4．大数据挖掘

　　大数据分析结果被用于数据挖掘。因为前面的分析仅以数据为中心进行处理，得到的结果不易被人所理解且不一定匹配研究目的，可能会得到无用甚至表面上相反的结果。因此需要人的参与，以数据挖掘目的为指导，对结果进行过滤和提纯，将结果转化为人所能理解的语义形式，最终实现数据挖掘的目的。

3.4.4　电力系统大数据

近几年，电力行业开始采用互联网行业的大数据平台技术，最典型的就是将 Kafka、Hadoop、HBase、Spark、Redis 等技术集成在一起处理海量数据。比如智能电能表的用电信息采集系统、电费的计算等，都采用这类方案[115]。

国网现有的大数据应用包括低压故障预警与研判、用户全息画像、用电行为分析、电力供给需求侧关联分析预测等业务。为了适应新能源的接入，国家电网有限公司大力推进虚拟电厂，虚拟电厂是一种"源网荷储"系统，包含"电源、电网、负荷、储能"的整体电网解决方案，期望解决清洁能源消纳过程中电网波动性等问题，推进新能源产业的发展。首先，获取虚拟电厂范围内的各项数据，包括环境数据、设备运行数据、电网运行数据等。然后，通过大数据建模及 AI 学习，对供给、需求以及储能站进行分析和预测。将预测结果与市场行情结合，撮合交易，促进供需协调，最终实现新能源的顺利入网[116]。

3.5　移动计算

3.5.1　概念及系统组成

移动计算就是应用便携式计算设备与移动通信技术，使用户能够随时随地地访问互联网上的信息，或能够获取相关计算环境下的服务[117]。"移动"指的是移动无线网络技术，"计算"是指在网络环境下的计算。其目的是将有用的信息在任何时间、任何地点提供给任何的客户，作用是将计算机或其他智能信息终端设备在无线环境下实现数据传输或者资源共享，并将有用、准确、及时的信息在任何时间提供给任何地点的任何客户，极大地改变人们的生活方式。

一个移动计算系统由移动终端、无线网络单元（Mobile Unit，MU）、移动基站（Mobile Support Station，MSS）、固定节点和固定网络连接组成。移动计算系统的示意图如图 3-4 所示。

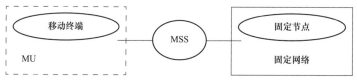

图 3-4　移动计算系统示意图

其中，固定网络构成连接固定节点的主干；固定节点包含通常的文件服务器和数据库服务器；MSS 是一类特殊的固定节点，它带有支持无线通信的接口，负责建立一个 MU，MU 内的移动终端通过 MU 与 MSS 连接，进而通过 MSS 和固定网络与固定节点（固定主机和服务器）以及其他移动计算机（或移动终端）通信。

3.5.2　移动计算模型

计算模型，即计算机系统完成计算所必须遵循的基本框架和原则。因为移动性所带来的设备断接性、通信与计算的非均衡性等特殊点及节能性等特殊要求，移动计算模型与分布式计算模型相比有明显不同，需增加对移动性和弱连接性的支持。移动计算模型要解决的核心问题是确定移动终端与服务器的功能如何分配，及根据需要怎样进行动态调整。移动计算模型主要分为三类：移动客户 / 服务器模型（见图 3-5）、移动 P2P 模型（见图 3-6）和移动 Agent 模型（见图 3-7）。

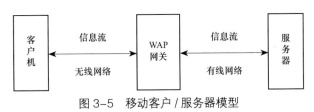

图 3-5　移动客户 / 服务器模型

在移动客户 / 服务器模型中，资源主要集中在服务器上，客户端与服务器的信息交换主要通过远程过程调用（RPC）。这种模型中服务器容易成为瓶颈，可通过在服务器与客户端之间添加代理来提高系统性能。

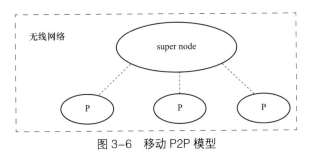

图 3-6　移动 P2P 模型

移动 P2P 模型弱化了服务器的概念，系统中的各个节点不再区分服务器和客户端的关系，每个节点既可以请求服务，也可提供服务。这种模型避免了服务器瓶颈、单点失效等问题，但要求尽快发现对等体并建立联系，在移动环境中难度较大，且在客户机上难以实现。

在移动 Agent 模型（见图 3-7）中，移动 Agent 与移动环境有天然的匹配性，可迁移到资源主机上执行任务，然后把结果带回到客户端，使得中间过程的远程通信与信息交换减少。该模型在减少网络延迟、支持轻载移动设备、异步信息搜索、数据访问能力方面，具有其他移动计算模型不可比拟的优势。

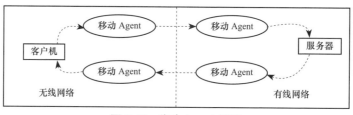

图 3-7　移动 Agent 模型

3.5.3　移动计算关键技术

用户对网络应用的更高需求，是移动计算模式出现的必要性，同时，现有通信技术的发展使移动计算产生并为人类生活带来方便成为可能。与传统的及时模式不同，移动计算的计算终端随用户处于不断的移动中，人们希望这样的移动不会影响正常使用，甚至要求随地点的不同，移动计算要提供基于不同位置的服务。但移动计算的计算终端是在无线网络中为用户服务，在用户移动过程中涉及终端电源能力有限、网络条件多样、网络通信非对称等问题，因此，移动计算还有很多技术难题要攻克。移动计算的关键技术主要有：移动计算通信协议、情景感知、移动计算环境、无缝迁移技术、移动计算平台及移动过程中的信息安全等。

3.5.4　移动计算的应用

面向普适服务的移动计算技术的目标，是使任何人可以随时随地访问感兴趣的信息，或得到任何所需要的服务。移动应用多种多样，包括移动电子商务、移动医疗急救、移动办公等。移动计算在电力行业中的应用包括移动作业、用电信息采集、电力移动办公等[118]。

移动计算实际上就是解决如何向分布在不同位置的移动用户（包括手提电脑、掌上电脑、移动电话、传呼机等）提供优质的信息服务（信息的存储、查询、计算等）的问题。

移动计算是一种新型的技术，它使得计算机或其他信息设备在没有与固定的物理设备相连的情况下能够传输数据[119]。

其中有两类计算关心移动特性——Mobile Computing 和 Mobile Computation。前者关心在基于无线网络的移动设备上进行的计算；而后者关心基于 Web 的移动程序，如 Applet、Agent。在这里我们把这两类计算统称为移动计算。无线网络的通信特点和 Web 地理位置的自然分布要求计算的移动，来作为克服或解决网络带宽波动、连接不稳定、等待时间长等问题的有效方法[120]。

3.6 边缘计算

3.6.1 边缘计算的概念及架构

边缘计算（Edge Computing，EC）是在靠近人、物或数据源头的一侧，通过融合网络、计算、存储、应用核心能力的新的网络架构和开放平台，就近提供最近端服务。其应用程序在边缘侧发起，故而能产生更快的网络服务响应，满足行业数字化在敏捷联接、实时业务、数据优化、应用智能、安全与隐私保护等方面的基本需求。边缘计算处于物理实体和工业连接之间，或处于物理实体的顶端。

边缘计算是一种近运算的概念，将运算更靠近数据源所在的本地区网，尽可能地避免将数据回传到云端，减少数据往返云端的等待时间和网络成本。边缘计算将密集型计算任务迁移到附近的网络边缘服务器，降低核心网和传输网的拥塞与负担，减轻网络带宽压力，实现较低时延，同时能够快速响应用户请求并提升服务质量[121]。

在现有的研究中，一般将边缘计算的体系架构从网络中央到网络边缘分为 3 层：云计算层、边缘计算层和终端层，如图 3-8 所示。不同层之间一般根据其计算和存储能力进行划分，终端层、边缘计算层

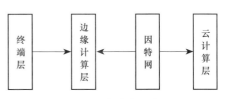

图 3-8 边缘计算网络结构

和云计算层三者的计算和存储能力依次增加。为了实现层内和跨层通信，可以采用各种通信技术将每个实体连接起来，包括有线通信（如以太网、光纤）、无线通信（如蓝牙、LTE、ZigBee、NFC、IEEE802.11a/b/c/g/n、卫星链路）或两种技术的结合。边缘计算通过引入位于终端设备和云之间的边缘层，将云服务扩展到网络边缘[122]。

雾计算（Fog Computing）也属于边缘计算的范畴。通过雾计算，许多物联网应用的服务交付时延能将在很大程度上降至最低。边缘计算用于弥补云计算大数据分析过程的时延性、周期长，网络耗能严重等缺陷，通过与云计算配合，为用户提供更加全面的计算存储服务，从而满足智能电网、智慧交通、软件定义网络、智慧医疗、智慧车联网等领域在动态连接、实时业务、数字优化、应用智能、安全与隐私保护等方面的需求。

3.6.2 边缘计算的使能技术

边缘计算的使能技术主要包括 3 个方面：云与虚拟化、大容量服务器、启用应用程序和服务生态系统。

1. 云与虚拟化

硬件和软件的分离，以及基于云的解决方案的实现，在过去的 10 年中改变了 IT 行业。这种转变通过使用监管程序，使得 App、软件平台与下层的硬件资源成功地解耦。在一个平台上，我们可以部署多个虚拟机，让他们以一定受控的、灵活的方式来共享硬件资源。云解决方案就是利用了这些技术，按需提供计算和存储资源，在网络和服务部署方面更加具有灵活性。目前，云和虚拟化技术已经在电信云和网络功能虚拟化中有所应用，它们正在改变通信行业以及过去 10 年的 IT 产业转型的方式，同时也是边缘计算的关键技术。

2. 大容量服务器

从大方面讲，指的就是硬件水平。由于边缘计算就是将集中式的云计算搬移到了网络边缘处，所以边缘计算对服务器性能的依赖仍然是不能忽视的。高容量的 IT 硬件可以促进边缘计算的商业成功，比如大容量的服务器（几乎涵盖计算机部件的每个方面）、大容量的存储（从 TB 级机械硬盘到固态硬盘的转变）、多核中央处理器、图形处理器的使用、交换机等，这些可以保证服务器工作的高效与稳定。因为未来在网络边缘侧的数据量可以达到 ZB 级别，所以这对服务器的硬件要求是非常大的。

3．启用应用程序和服务生态系统

如果说云和虚拟化技术以及对服务器性能的依赖都是边缘计算的硬要求，那么要想让整个边缘计算产业链更加繁荣，则需要供应商开发并引入市场创新和突破性的软件、服务和应用程序。边缘计算毕竟只是一个部署在网络边缘的面向用户的平台，任何功能的实现都离不开 App 的开放和创新业务的部署。使用开放标准和 API，以及人们熟悉的编程模型、相关的工具链和软件开发工具包，是鼓励和加快开发新前沿应用程序或适应现有应用程序的关键。

3.6.3　边缘计算应用场景

1．定位技术

通过运行在 MEC（Mobile Edge Computing）平台上的全球定位系统或者第三方定位技术来获取人或物体的位置，然后如有必要，再返回到核心网侧。这种布置在本地的定位功能，对于零售商、场馆、球场、校园或者特定地区非常有效，首先是因为位置反馈非常迅速，其次精度也得到了保证。

2．视频分析

以监控为例，目前摄像头的使用非常广泛，在停车场、交通要道、住宅小区、校园中基本都能实现无缝对接和无死角监控。随着部署的摄像头数目的增加以及摄像头所拍摄的视频质量的提升，监控视频的数据量也在逐渐提升。如果把如此庞大的视频数据都经核心网回传至集中云平台进行视频分析和处理，往返时延将非常大。但因为摄像头自身设计尺寸等原因的限制，在摄像机内部来部署智能分析工具的难度又会非常大。因此，比较好的解决办法就是在本地 MEC 平台部署视频分析功能。某区域内的摄像头可将其录制的监控视频上传至 MEC 平台，经过视频分析处理后，获得的结果可以随时调取并回传至核心网。

3．内容优化与缓存

内容优化指的是根据网络提供的信息，比如小区 ID、小区负载、链路质量、数据吞吐率等，对内容进行动态的优化，以提升 QoE 和网络效率。而视频缓存，则指的是在终端请求视频播放时，该资源可能存在于本地 MEC 平台，这样再播放时就是从本地下载视频资源，节省了带宽和经过核心网处理的时间。这种视频缓存功能，对于那些热播电视剧、热播电影以及最近的综艺节目的播放与观看有很大的帮助。同时，该模型也比较适用于大学城、居民区或者热点商圈这种人流密集、对视频播放请求量比较大的地区。

4．边缘计算在电力需求响应业务中的应用

随着售电侧放开以及智能用电业务的推广，需求侧大量的终端设备接入电网并参与互动。目前电力需求响应业务是普遍公认的发展最为迅速的一项智能电网业务。智能电网用户接口领域 IEC 62939，是目前依照 ISO/IEC 开放系统互连基本参考模型（ISO/IEC 7498-1）的标准化原则所构建的唯一可参照的标准，其设计思想与欧洲智能电网架构模型保持高度一致，将智能电网用户接口业务划分为功能层、信息层、通信层和基础平台层 4 个层次，如图 3-9 所示。边缘计算在需求响应业务中的应用，需要重点解决需求侧资源、负荷聚合商参与电网互动过程中的接口服务、信息模型以及对应的协议映射问题。

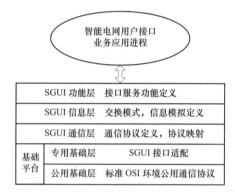

图 3-9　IEC 62939 智能电网用户接口交互体系架构

3.6.4　边缘计算技术发展带来的影响

配用电网络脱网，阻塞了信息传递，容易造成电力故障，并影响生产应用。边缘计算模型可以有效解决部分脱网运行难题，即从本地功能实现上保障有效性。通过边缘计算，实现对本地化信息的就地处理、不依赖基站等对主站连通处理，提高了效率和顽健性[123]。

边缘计算技术的引入可以重新定义云、管、端之间的关系，在端侧部署边缘计算平台，就地实现实时高效的轻量级数据处理，并与新一代配电自动化云主站进行网络、数据、业务等方面的协同，实现配电台区自治[124]。

3.7　人工智能

3.7.1　人工智能的概念

人工智能（Artificial Intelligence，AI）是研究、开发用于模拟、延伸和扩展人的智能的理论、方法、技术及应用系统的一门新的技术科学[125]。

从事这项工作的人必须懂得数学理论、计算机知识、心理学和哲学。人工智能是内容十分广泛的科学，它由不同的领域组成，包括机器学习、计算机视觉、自然语言理解与交流、认知与推理、博弈与伦理，并且这些领域正在交叉发展。机器学习算法包括回归模型、决策树模型、支持向量机、神经网络，以及目前非常热门的深度学习。

人工智能目前已在很多领域得到应用，例如交通领域、能源开发领域、医疗健康领域、金融领域、制造业领域等，对生产技能和效率的提高发挥了越来越重要的作用。

近年来，人工智能领域取得了一些突破性的进展，例如：阿尔法狗（AlphaGo）先后战胜了李世石与柯洁、谷歌无人驾驶汽车累计行驶 48 万多公里、图像和语音识别的纪录不断刷新、IBM 的沃森（Watson）医生进入了临床的诊疗之中等。由于人工智能所表现出来的巨大潜能，很多国家以及企业（如谷歌、IBM、微软、亚马逊、阿里巴巴等）都把人工智能作为一个重要的推进方向[126]。

3.7.2　人工智能的应用方法

1．专家系统（ES）[127]

专家系统是指在某一领域内具有专家经验和知识的计算机程序，并能像人类专家那样运用这些知识，通过推理作出决策。一个典型的专家系统由 4 部分组成：知识库、推理机、知识获取机制和人机界面。专家系统已成为在电力系统中应用最为成熟的人工智能技术。国内外已发展出多种专家系统，应用于电力系统的不同领域：监测与诊断、电网调度、预想事故筛选、系统恢复。尤其是监测与故障诊断已成为专家系统在电力系统最重要的应用领域。

根据存储知识方式的不同，可将专家系统分为不同形式，即基于浅知识（经验知识）、规则、决策树、模型等专家系统，以及面向对象的专家系统。基于模型的知识表示方式适合于实时处理，与其他方法如基于规则（假设）或启发的推理方式相比，更快速、简单和易于维护。

知识获取的瓶颈问题，是建造和维护专家系统的主要难点。有一种新的知识自动获取方式，即机器学习（Machine Learning），可以应用于电力系统开关序列专家系统。在知识库建造阶段，从运行人员的以往经验抽取知识，而不必直接向运行人员学习；每次人类专家与系统交互时，知识库可以自动更新和扩展。

2．人工神经网络（ANN）

人工神经网络是模拟的生物激励系统，用一系列输入通过神经网络产生输出，这里输出、输入都是标准化的量。输出是输入的非线性函数，其值可由连接各神经元的权重改变，以获得期望的输出值，即所谓的训练过程。根据不同问题，多种结构和训练算法的神经网络在电力系统中得到了应用，如 BP（Back Propagation）网络、Kohonen 自组织网络等。

神经网络由于快速的并行处理能力和良好的分类能力，被广泛地应用于电力系统的实时控制、监测与诊断、短期和长期负荷预测、状态评估等诸多领域。其中，基于神经网络的负荷预测技术已成为人工智能在电力系统最为成功的应用之一。

BP 网络结构及其算法简单，易于实现，是负荷预测中应用较为成熟的方法。人们提出了多种 BP 网络的改进算法，如基于冲量系数的自适应调整和误差函数的改进，可以加速收敛；对初始随机权值在量级上进行限定，克服了局部最小问题。

3．模糊集理论（Fuzzy Sets Theory）

人的认知世界包含大量的不确定性的知识，这就需要对所获信息进行一定的模糊化处理，以减少问题的复杂度。模糊逻辑可认为是多值逻辑的扩展，能够完成传统数学方法难以做到的近似推理。

近年来，模糊集理论在电力系统中的应用取得了飞速进展，包括潮流计算、系统规划、模糊控制等领域。关于负荷变化和电力生产的不确定性，可以用一模糊值表示某不确定负荷在实际集合中的隶属函数，建立电力系统最优潮流的模糊模型，即模糊最优潮流。

4．启发式搜索（Heuristic Search）

遗传算法（Genetic Algorithms，GA）和模拟退火（Simulated Annealing，SA）算法是近年来逐渐兴起的两种启发式搜索算法，通过随机产生新的解，并保留其中较好的结果，避免陷入局部最小，以求得全局最优解或近似最优解。GA 是由数字串的集合表示优化问题的解，通过遗传算子，即选择、杂交和变异的操作，对数字串寻优。SA 在已知解的邻近区域产生新的解，并逐渐缩小临近区域的大小，直到逼近全局的最优解。两种方法都可以用来求解任意目标函数和约束的最优化问题，在能源工程、经济、电力等领域都取得了令人满意的结果。

遗传算法是基于自然选择和遗传机制的搜索算法，对优化设计的要求较少，对目标函数既不要求可微，又不要求连续，仅要求问题是可计算的，且其搜索始终遍及整个解空间，可有效避免常规数学方法的组合"爆炸"问题和陷入局部最优解。

目前，应用启发式搜索仍有很多待解决的问题，如搜寻终止标准的选择：终止过快易偏离最优解，不及时停止则会导致过度计算反而不能提高解的质量。GA 中遗传因子和 SA 中冷却速率的选择是影响算法性能的关键因素，必须对其进行适当的调整，否则可能得到局部最优解而错过更优的解。

3.7.3　人工智能在电力系统中的发展趋势

1．混合智能

目前，人工智能中的 4 种主要工具，即专家系统、人工神经网络、模糊集理论、启发式搜索，各有优点和局限，而且缺少一种可以应用于电力系统各个领域的普遍有效的方法。因此，混合智能，即综合多种智能的技术，成为人工智能的重要发展方向之一。

2．分布式人工智能（Distributed AI）

DAI 技术是 20 世纪 80 年代发展起来的人工智能研究的一个分支，是伴随着并行分布式计算的发展而产生的，包括分布式问题求解（DPS）、并行人工智能（PAI）、多代理（Multi-Agent）等内容。DAI 在电力系统中的应用，目前主要集中于运用多代理技术。

对神经网络本身结构和算法的改进也是人工智能在发展中的重要任务。近年来，椭球单元神经网络的提出，为故障诊断领域开拓了新的方向。与经典 BP 网络相比，椭球单元网络具有泛化有界、拒绝性能好等优点，故障分类精度高，尤其在多故障同时性诊断中，比 BP 网络具有更好的模式识别能力。

人工智能已在电力系统中获得了健康的发展，在较为成熟的技术（如专家系统）实用化的同时，进行多种智能技术的研究和探索。随着我国电力建设和电力市场竞争机制的引入，不确定性因素和运行复杂性的增加，人工智能在电力系统中的应用前景将更加广阔。

3.8 区块链

3.8.1 区块链的含义及基础架构

狭义来讲，区块链（Blockchain）是一种按照时间顺序，将数据区块按照顺序相连的方式组合成的一种链式数据结构，并以密码学方式保证区块链的不可篡改和不可伪造的分布式账本。

广义来讲，区块链技术是利用块链式数据结构来验证与存储数据、利用分布式共识算法来生成和更新数据、利用密码学的方式保证数据传输和访问的安全、利用由自动化脚本代码组成的智能合约来编程和操作数据的一种全新的分布式基础架构与计算方式[128]。

区块链是分布式数据存储、点对点传输、共识机制、加密算法等诸多计算机技术的新型应用模式。区块链，是以比特币为代表的数字加密货币体系的核心支撑技术，它本质上是一个去中心化的数据库，同时作为比特币的底层技术，是一串使用密码学方法相关联产生的数据块，每一个数据块中包含了一批次比特币网络交易的信息，用于验证其信息的有效性（防伪）和下一个区块的生成。

区块链技术的基础架构模型如图 3-10 所示。一般说来，区块链系统由数据层、网络层、共识层、激励层、合约层和应用层组成。其中，数据层封装了底层数据区块以及相关的数据加密和时间戳等技术；网络层则包括分布式组网机制、数据传播机制和数据验证机制等；共识层主要封装网络节点的各类共识算法；激励层将经济因素集成到区块链技术体系中来，主要包括经济激励的发行机制和分配机制等；合约层主要封装各类脚本、算法和智能合约，是区块链可编程特性的基础；应用层则封装了区块链的各种应用场景和案例。该模型中，基于时间戳的链式区块结构、分布式节点的共识机制、基于共识算力的经济激励和灵活可编程的智能合约，是区块链技术最具代表性的创新点。

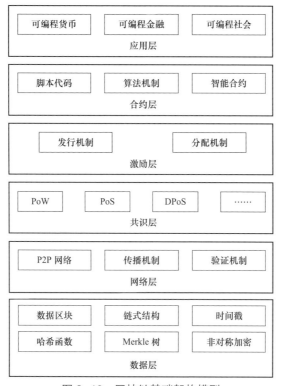

图 3–10　区块链基础架构模型

3.8.2　区块链基础技术特点

区块链的基础技术包括：哈希算法、Merkle 树、时间戳服务、工作量证明机制、权益证明机制、P2P 网络技术、非对称加密技术。

区块链是比特币的底层技术，但其本质上是一个记账系统。这个记账系统有别于传统的复式簿记，是一个分布式的记账系统（Distributed Ledger），ICAEW 称之为"Universal Entry Bookkeeping"（万能记账法）。

区块链的主要特征是：

（1）传播性（Propagation）。其账簿系统由多个相同、等效的账簿组成，所有参与人可以共享这些账簿。新的交易由一个用户发起，但是交易信息会被同时写入多个账簿中，而不需要一个中心控制账簿。

（2）永久性（Permanence）。所有的交易记录是永久性的，不能被篡改，也不能被消除；由于交易记录过程同时是一个加密过程，所以验证已经记录的交易是非常容易的。

（3）可程控性（Programmability）。有些区块链可以储存程序代码，这些程序代码可以自动生成交易记录，当条件满足时可以自动触发交易，又叫作"智能合约"（Smart Contract）。区块链基础技术将对财务记录的生成、维护和更新方式产生深远的影响，并大大优化金融服务业。

安全是区块链基础技术的一大特点，主要体现在两方面：①分布式的存储架构，节点越多，数据存储的安全性越高；②其防篡改和去中心化的巧妙设计，任意篡改数据的难度非常大。

区块链是一个去中心化的、按时间顺序安全记录事务的数据库。一笔交易可以使用像比特币这样的加密货币，并且对比特币进行研究是了解区块链架构的基础。区块链事务可以进一步表示对以太坊（Ethereum）等系统的价值转移。这种价值，可能是一种服务、产品，或者是智能合同形式的批准。

3.8.3　区块链基础技术价值

区块链基础技术是一种在对等网络环境下，通过透明和可信规则，构建不可伪造、不可篡改和可追溯的块链式数据结构，以实现和管理事务处理的模式。因此其具有以下 4 种潜在用途：①记录价值交换；②管理智能合约；③将智能合约结合形成一个组织；④某些数据的存在证明（例如，提供安全备份的数字标识）。

区块链基础技术使得用户的一切信息证明都准确无误且不能篡改地记录在其中，任何人都无权改动。只要抓住基础技术的特点，区块链就会变得容易理解。因此，区块链基础技术能应用于银行和支付、人工智能、保险等领域。

3.8.4　区块链基础技术潜在的应用

区块链正在改变商业和技术的方式。这项技术正逐步趋于成熟，它从简单的价值储存变成快速的价值创造。事实上，它使许多行业变得更有效率。

麦肯锡研究报告指出了区块链在金融业应用的 5 大场景。

（1）数字货币：提高货币发行的便利性。

（2）跨境支付与结算：实现点到点交易，减少中间费用。

（3）票据与供应链金融业务：减少人为介入，降低成本及操作风险。

（4）证券发行与交易：实现实时资产转移，加速交易清算速度。

（5）客户征信与反欺诈：降低法律合规成本，防止金融犯罪。

3.9　信息安全

3.9.1　信息安全的意义和重要性

信息社会的到来，为信息技术的飞速发展带来了契机，人们在享受网络信息所带来的巨大利益的同时，也面临着信息安全的严峻考验[129]。信息安全需保证信息的保密性、真实性、完整性、未授权拷贝和所寄生系统的安全性。事实上，信息安全本身包括的范围很大，其中包括如何防范商业企业机密泄露、防范青少年对不良信息的浏览、个人信息的泄露等。网络环境下的信息安全体系是保证信息安全的关键，包括计算机安全操作系统、各种安全协议、安全机制（数字签名、消息认证、数据加密等），直至安全系统，如 UniNAC、DLP 等，只要存在安全漏洞便可以威胁全局安全。信息安全是指信息系统（包括硬件、软件、数据、人、物理环境及其基础设施）受到保护，不受偶然的或者恶意的因素而遭到破坏、更改、泄露，系统连续可靠正常地运行，信息服务不中断，最终实现业务连续性[130]。

信息安全学科可分为狭义安全与广义安全两个层次。狭义的安全是以密码论为基础的计算机安全领域，早期中国信息安全专业通常以此为基准，辅以计算机技术、通信网络技术与编程等方面的内容。广义的信息安全则是一门综合性学科，从传统的计算机安全到信息安全，不但是名称的变更，也是对安全发展的延伸。安全不再是单纯的技术问题，而是管理、技术、法律等问题相结合的产物。

电力作为国民经济发展所需的主要能源保障之一，其信息系统的安全问题是电力系统自动化进程中需要格外关注并解决的。防火墙的设置为所有互联网的访问提供了安全保障。在不同安全区之间设置专用物理隔离墙的措施，能够使保护更加隐蔽，增加安全系数[131]。一般来说，病毒往往是从漏洞处进入系统的，这就要求电力信息系统网络应形成一个整体的防护罩，任何的缺漏都将使全局防护失效。服务器、工作站、主机、各用户均应完善杀毒软件。为了应对黑客的攻击，入侵检测系统作为一个功能强大的安全保障工具，应推荐应用于各电力企业。其采用先进的攻击防卫技术，通过在不同的位置分布放置检测监控装置，能够最大限度地、有效地阻止各种类型的攻击，特点鲜明，安全可靠。入侵检测系统还可以在事后清楚地界定责任人和责任事件，为网络管理人员提供强有力的保障。

安全技术管理优化：首先，应提高电力信息系统使用人员的风险认识。其次，加强各类密码设定和妥善管理。再者，加强对系统安全的检测管理。

安全审计技术策略：可以模仿U盾、密保等认证，结合密码使用，通过电子、电话等多途径的密码保护安全问题，增加信息系统安全性。为了实现数据库数据的安全，或是避免被入侵后的数据篡改，应设置数据库访问控制、存储加密以及完整性检验等功能。利用网络隐患扫描系统生成详细的安全评估报告，可对系统进行形象的分析，审计系统运行安全状态，评判系统安全性能。

信息安全的根本目的就是使内部信息不受内部、外部、自然等因素的威胁。为保障信息安全，要求有信息源认证、访问控制，不能有非法软件驻留，或未授权的操作等行为。信息作为一种资源，它的普遍性、共享性、增值性、可处理性和多效用性，使其对于人类具有特别重要的意义。信息安全的实质，就是要保护信息系统或信息网络中的信息资源免受各种类型的威胁、干扰和破坏，即保证信息的安全性。根据国际标准化组织的定义，信息安全性的含义主要是指信息的完整性、可用性、保密性和可靠性。信息安全是任何国家、政府、部门、行业都必须十分重视的问题，是一个不容忽视的国家安全战略。不过，对于不同的部门和行业来说，其对信息安全的要求和重点却是有区别的[132]。

传输信息的方式很多，有局域计算机网、互联网和分布式数据库，有蜂窝式无线、分组交换式无线、卫星电视会议、电子邮件及其他各种传输技术。信息在存储、处理和交换过程中，都存在泄密或被截收、窃听、窜改和伪造的可能性。毫无疑问，单一的保密措施已很难保证通信和信息的安全，必须综合应用各种保密措施，即通过技术的、管理的、行政的手段，实现信源、信号、信息三个环节的保护，从而达到秘密信息安全的目的。

3.9.2　信息安全的影响因素

信息安全与技术的关系，最早可以追溯到远古时代。埃及人在石碑上镌刻了令人费解的象形文字；斯巴达人使用一种称为密码棒的工具传送军事计划。罗马时代的凯撒大帝是加密函的古代将领之一，"凯撒密码"据传是凯撒大帝用来保护重要军情的加密系统。它是一种替代密码，通过将字母按顺序推后3位起到加密作用，如：将字母 A 换作字母 D，将字母 B 换作字母 E。英国计算机科学之父阿兰·图灵在英国布莱切利庄园帮助破解了德国海军的 Enigma 密电码，从而改变了二次世界大战的形势。美国国家标准与技术研究院（NIST）将信息安全控制分为 3 类：

（1）技术，包括产品和过程（例如防火墙、防病毒软件、侵入检测、加密技术）。

（2）操作，主要包括加强机制和方法、纠正各种威胁造成的运行缺陷、物理进入控制、备份能力、对环境威胁的免疫。

（3）管理，包括政策使用、员工培训、业务规划，以及基于信息安全的非技术领域。信息系统安全涉及政策法规、教育、管理标准、技术等各个方面，任何单一层次的安全措施都不能提供全方位的安全，安全问题应从系统工程的角度来考虑。

3.9.3　安全策略

信息安全策略，是指为保证提供一定级别的安全保护所必须遵守的规则[133]。实现信息安全，不但要靠先进的技术，而且也要靠严格的安全管理、法律约束和安全教育。

（1）先进的信息安全技术是网络安全的根本保证。用户对自身面临的威胁进行风险评估，决定其所需要的安全服务种类，选择相应的安全机制，然后集成先进的安全技术，形成一个全方位的安全系统。

（2）严格的安全管理。各计算机网络使用机构、企业和单位应建立相应的网络安全管理办法，加强内部管理，建立合适的网络安全管理系统，加强用户管理和授权管理，建立安全审计和跟踪体系，提高整体网络安全意识。

（3）制订严格的法律、法规。计算机网络是一种新生事物，它的许多行为无法可依，无章可循，导致网络处于无序状态。面对日趋严重的网络上犯罪，必须建立与网络安全相关的法律、法规，使非法分子慑于法律，不敢轻举妄动。

3.9.4　相关技术

1. 加密

数据加密技术，从技术上的实现分为软件和硬件两方面。按作用不同，数据加密技术主要分为数据传输、数据存储、数据完整性的鉴别、密钥管理技术这四种。

在网络应用中一般采取两种加密形式：对称密钥和公开密钥。采用何种加密算法则要结合具体应用环境和系统，而不能简单地根据其加密强度来作出判断。因为除了加密算法本身之外，密钥合理分配、加密效率与现有系统的结合性，以及投入产出分析，都应在实际环境中具体考虑。

至于对称密钥加密，其常见加密标准为数据加密标准（DES）等。当使用DES时，用户和接受方采用64位密钥对报文加密和解密。当对安全性有特殊要求时，则要采取国际数据加密算法（IDEA）和三重DES等。对称密钥作为传统企业网络广泛应用的加密技术，密钥效率高，它采用密钥分发中心（KDC）来集中管理和分发密钥并以此为基础验证身份，但并不适合互联网环境。

在互联网中使用更多的是公钥系统，即公开密钥加密。它的加密密钥和解密密钥是不同的。一般为每个用户生成一对密钥后，将其中一个作为公钥公开，另外一个则作为私钥由属主保存。常用的公钥加密算法是RSA算法，其加密强度很高。具体做法是将数字签名和数据加密结合起来。发送方在发送数据时必须加上数据签名，用自己的私钥加密一段与发送数据相关的数据作为数字签名，然后与发送数据一起用接收方密钥加密。当这些密文被接收方收到后，接收方用自己的私钥将密文解密，得到发送的数据和发送方的数字签名，然后用发布方公布的公钥，对数字签名进行解密。如果成功，则可确定是由发送方发出的。数字签名每次还与被传送的数据和时间等因素有关。由于加密强度高，而且并不要求通信双方事先要建立某种信任关系或共享某种秘密，因此十分适合互联网使用。

2．安全认证

认证就是指用户必须提供他是谁的证明，比如他是某个雇员、某个组织的代理、某个软件过程（如股票交易系统或Web订货系统的软件过程）。认证的标准方法就是弄清楚他是谁，他具有什么特征，他知道什么可用于识别他的东西。比如说，系统中存储了他的指纹，他接入网络时，就必须在连接到网络的电子指纹机上提供他的指纹，只有指纹相符才允许他访问系统。更普通的是通过视网膜血管分布图来识别，原理与指纹识别相同。声波纹识别也是商业系统采用的一种识别方式。网络通过用户"拥有什么东西"来识别的依据，一般是用智能卡或其他特殊形式的标志，这类标志可以从连接到计算机上的读出器读出来。至于"他知道什么"，最普通的就是口令。口令具有共享秘密的属性。例如，要使服务器操作系统识别要入网的用户，那么用户必须把他的用户名和口令传送服务器。服务器就将它们与数据库里的用户名和口令进行比较，如果相符，就通过了认证，可以上网访问。这个口令就由服务器和用户共享。更保密的认证可以是几种方法组合而成。例如用 ATM 卡和 PIN 卡。在安全方面最薄弱的一环是规程分析仪的窃听，如果口令以明码（不加密）传输，接入到网上的规程分析仪就会在用户输入账户和口令时将它记录下来，任何人只要获得这些信息就可以上网工作。为了解决安全问题，一些公司和机构正殚精竭虑地解决用户身份认证问题。

本章小结

本章概括性地介绍了建设电力物联网涉及的关键技术，对于这些技术进行了一般性的概述和介绍，而并非学术性的深入探索。其中每一个方面的技术都对应一个大的学术方向或者产业领域。这些技术在建设电力物联网的过程中将发挥重要作用，本章提纲挈领地将相关基础知识做了初步梳理，未来应用的时候应该请专业团队进行专业的实现。

第 4 章　电力物联网典型应用场景

电力物联网基于传感器网络实现对电力系统的全面、系统监控，并通过大数据和云平台实现精准、快速的决策生成和鲁棒控制，这需要电网本身的配合，如提供与电网运行状态有关的数据，实现电网各领域数据的共享，方便电网数据的传输，保证电网数据的及时有效处理等。而作为智能电网的进一步发展，能源互联网不仅具有智能性，还可以实现基于互联网方式的高效信息传输、控制和管理，其优越性体现在与电力物联网的紧密结合上。

在信息采集方面，能源互联网信息的获取需要利用电力物联网强大的传感数据获取功能和所支持的机机通信功能相配合。在信息传输方面，可以结合能源互联网和电力物联网在物理上可能相互独立也可能共享的通信网络的混合组网优势，通过不同通信技术和系统的配合，实现数据的实时、快速传输。在信息分析处理方面，则可利用大数据和云平台，结合两种网络系统的庞大计算能力，在数据共享的基础上，保证决策和控制的智能性和鲁棒性。随着信息通信技术的发展，二者的结合将成为必然。经过一段时间的发展，电力物联网将成为能源互联网的重要和基本组成部分。

将电力物联网应用到能源互联网中，需要考虑以下具体应用场景，通过对这些场景的分析，可以深入理解电力物联网在能源互联网中的地位和作用，保证电力物联网的顺利实施。

4.1　信息能源基础设施一体化

4.1.1　信息能源基础设施一体化的形成

21 世纪，知识经济的时代需要新的基础设施的支持，将基础设施与信息技术深度融合，由此产生了赛百平台（Cyberin frastructure）。2007 年 7 月，美国总统科学技术顾问委员会（PCAST）在题为《挑战下的领先——竞争世界中的信息技术研发》的报告中列出了 8 大关键信息技术，其中信息物理融合系统[134-136]（Cyber-Physical System，CPS）位列首位。2009 年，在中国推动物联网领域的国家战略指导下，信息技术使能下的基础设施变革成为大趋势。

在能源领域，随着消耗的增加，现有架构局限和矛盾的突显，分布式能源和可再生能源的兴起，需求和理念更新等主客观推动因素的涌现，变革势在必行，而基于信息能源基础设施一体化的能源互联网提供了一种可行的解决方案。

能源互联网[137] 的分散协同调度与控制需要在线、实时、动态的信息采集、传输、分析与决策的支持，主要包括电能信息采集控制系统、电能质量监测分析系统、电网能量管理系统、用户侧能量管理系统等。例如，负荷信息不全和参数不准一直是电力系统仿真分析和能量管理的重要问题。能源互联网与信息基础设施紧密结合，可以为实时动态的收集和处理海量负荷信息提供最强有力的技术支撑，同时提供智能信息处理和决策支持能力，以实现电源和负荷的协调控制、电能质量控制以及其他高级能量管理功能和应用。如能够根据能源需求、市场信息和运行约束等条件进行实时决策，自由控制可再生能源发电与电网的能量交换；提供分级服务，通过延迟对弹性负荷的需求响应，确保关键负荷的优质电力保证；对设备和负荷进行灵活调度，确保系统的最优化运行等。因此，能源互联网的发展与信息基础设施的融合是必然趋势。

4.1.2　基础设施一体化设备——能量路由器

能量路由器作为构建能源互联网的核心部件[138]，需承担能源单元互联、各分布式能源或微电网单元互联、能源质量监控和调配、信息通信保障及维护管理机制部署等功能。能量路由器是信息与能源基础设施一体化理念的集中体现，如图 4-1 和图 4-2 所示。

基于能量路由器，可以实现多个能源局域网的互联，实现能量的交换和路由。局域网中可以由风光储与负荷协调消纳，互联可以通过交流和直流方式，也可以和传统大电网相联。

借鉴信息网络路由器实现的基本功能和结构，能量路由器实现的关键技术主要包括电力电子控制技术、大规模储能技术和柔性输电技术。

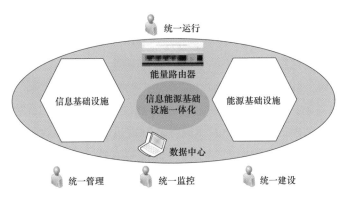

图 4-1 基于能量路由器的能源互联网信息能源基础设施一体化

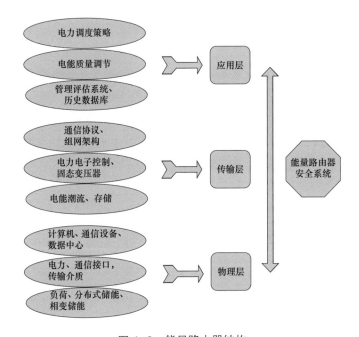

图 4-2 能量路由器结构

电力电子技术是实现能源互联网控制的主要手段，例如电力电子变压器和传统变压器相比，仍然有效率、容量和可靠性等方面的瓶颈问题，需要材料等方面的技术突破。但在能源互联网场景下，通过广域互联与优化调度，通过分布式能源的接入与分享等，可以在一定程度上提升应用效益，提高技术经济可行性。同时，电力电子变压器还具备供电电压稳定性好、电能质量高、不存在铁心磁饱和问题、体积小、重量轻、环保效果好、兼有断路器功能、可以高度自动化等优点。解决电力电子技术中的传输策略及控制问题，实现电力电子变换器等设备的研制，仍然是能源互联网技术创新的重点。

储能/用电缓冲是能量路由器实现的重要组件，以打破供电和用电间的同步性。储能装置既是负荷也是电源。电源是智能的，能够预计供电状况并发送相关信息；负荷也是智能的，能够根据接收到的供电信息调整自身工作。它们必须通过控制算法，根据电网和分布式发电的电量或电价，决定是充电以备将来使用，还是放电以供当前使用。大规模储能还存在成本高的问题，可以通过与数据中心电池备用和共用提高经济性。

相比于交流输电，柔性直流具有更高的能量传输效率，同等传输容量下占地更小，造价更低，更易于与主干电网并网运行，更容易实现黑启动，由此可以在能源互联网特别是能量路由器中广泛使用。能量路由器是能源互联网的核心要素，与数据中心做一体化设计，同时能源基础设施中的"物"通过传感器接入，用户通过移动终端接入。通过能量路由器，能量层和信息层得以有效融合：一方面路由器为基于信息的能量控制提供了电力电子接口，可以实现能量在网络模型中的路由、实现能量流的精细管控、如电能质量控制等；同时，能量路由器的是基于能源基础设施的信息采集的主要渠道，以数据中心为核心，以用户、电力设施上的采集装置、传感器为信息来源，能量路由器将能源基础设施、用户、运行状态等相关信息抓取并反馈给数据中心，实现能源互联网的信息互联。

4.1.3　融合途径

融合需要数据中心和能量路由器融合、输电线路和光纤通信融合、传感器和局域广域网融合等。可以通过能量路由器为数据中心供电，降低数据中心静默成本。由于通信基础设施和电力基础设施的一体化，可以节省数据中心的电缆铺设成本。理论上可以通过通信网络和数据中心设施更好地监控电力设备的运行状态。通过电力网络拓扑和通信网络拓扑的结合，可以更好地定位故障位置和及时采取修复工作，提高系统安全性和运行效率。每个能量路由器会配备一定容量的储能设备，用于数据中心备用电力，平滑能量的传输。同时，储能设备的一个重要功能是当正在进行电力传输的电力路由器节点或线路出现故障时，可以实时地吸收中断电路上的电流，保证该电流不会对其他设备造成影响。通信链可以采用电力线通信或光纤通信，二者均可以与输电线路一体化建设，极大地减少了安装成本。融合的过程，是一个信息化的过程，同时也是一个立足现有设施进行过渡的过程，是一个将互联网嵌入能源网的过程。

"三站合一"等建设理念符合融合发展的大趋势，将能源站、储能站、数据站等功能一体化设计，在能源基础设施综合管理的基础上，最大限度结合新能源和储能等新技术的应用，同时为信息基础设施提供支撑，并通过数据中心提供信息服务。在三站合一的基础上还可以实现多站合一，如分布式能源站加入对冷、热等能源的供给，变电站也可以结合进来。

4.1.4　电力物联网在本场景中的作用

作为能源互联网信息基础设施的主要组成部分，电力物联网在信息能源基础设施一体化中起着不可替代的作用[139-145]。从能源基础设施的信息采集、用户信息的采集和管理，到整个能源互联网运行状态相关信息的采集、分析、判断和控制，均需要电力物联网在其中起到支持和传导作用。所使用的工具和设备基本涵盖了目前已有的各类传感信息采集设备，如 RFID、嵌入式传感器、传感器网络、音视频采集设备、红外线图像采集设备、智能仪表、智能电能表等。通过这些设备的无间断连续采集，实现对能源互联网一体化基础设施的全面、深入、广泛、即时的了解。

本场景下，电力物联网需要采集的信息包括：用户负荷信息、电力设施现场采集的信息、信息基础设施状态信息、数据中心状态监控信息、能量路由器自身的监控信息等。信息传输可以通过有线通信和无线通信相结合的方式，传输到处理中心。信息处理主要通过大数据和云平台，网络边缘计算和自动控制设备实现信息控制和决策。电力物联网控制目标是实现能源互联网信息—能源基础设施一体化，通过信息物理融合技术提升系统整体性能和运行水平。

4.2　多能互补与综合能源服务

多能互补与综合能源服务来源于能源互联网多样的能源需求。如图 4-3 所示，能源互联网可以管理的本地供用能对象包括基于需求响应的可控负荷、可再生能源发电（风力/光伏），冷热电三联供和分布式储能/储热等。基于这些对象明显不同的供用能特征，可以通过有效调度实现多能互补，向用户提供高质量的能源服务。

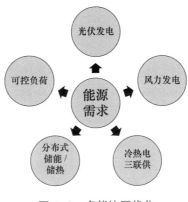

图 4-3　多能协同优化

4.2.1　能源互联网与多能互补

多能互补是能源互联网区别于传统能源系统的重要特征，是体现系统开放、互联、对等、分享内涵的基础性技术。该技术利用能源互联网新能源发电技术的波动性和互补性特征对电力进行合理调度，通过借助储能系统，实现发用电的解耦，从而为电力能源的有效调度和利用提供可能。

多能互补可以从不同的时间维度和空间维度考虑。在时间上，可以实现长期多能互补（计划）、中期多能互补（规定）和短期多能互补（调度）。在空间上，可以实现园区级多能互补、城市级多能互补和区域级多能互补，甚至国家级、洲级的多能互补。

1. 新能源发电

与传统石化能源相比，可再生分布式新能源的利用更加需要多能互补技术的利用。众所周知，新能源发电的典型特征是，发电数量明显受到周边环境的影响和制约，如光伏发电依赖于面板受到的光照辐射强度，风力发电依赖于周边风力大小。这导致光伏和风力具有一个普遍波动且呈现一定准周期特征的发电曲线，这对能源互联网的整体"源—网—荷—储"协调运行带来了严重的制约和挑战，但同时也促进了基于储能辅助的多能互补技术的发展。

新能源的多能互补源于各类能源在时间上明显不同的发电趋势，如光伏发电在接近中午时发电量最大，在太阳落山后削减为零，而风力发电，特别是位于海边地区，在夜晚会有较大的风力，所产生的电量正好可以弥补光伏发电的空缺。除此之外，突发的或实时的分布式能源生产和消费波动可以进一步由储能装置实现有效的调度和平衡。

2．储能

为了充分实现多能互补，储能系统具有不可替代的辅助作用。在能源互联网架构中，储能装置既是负荷也是电源。电源是智能的，能够预计供电状况并发送相关信息；负荷也是智能的，能够根据接收到的供电信息调整自身工作。它们必须通过控制算法，根据电网和分布式发电的电量或电价，决定是充电以备将来使用，还是放电以供当前使用。除了采用电池等传统储能装置来缓冲用电，还可通过合理调度用电时间来缓冲。提前用电就等于提前了负荷的工作时间，调峰用电则是延后了负荷的工作时间，这个过程就是用电缓冲的过程。

作为能源互联网系统的重要组成部分，储能装置在以下三个方面发挥重要作用[146]。

（1）储能装置对于能源正常有效的持续供应起到保障作用。在分布式发电装置不能照常工作时，如夜间太阳能无法发电或风力发电区域内无风时，储能装置能够起到过渡和维持稳定的作用，当暂时性供电短缺时，储能同样能够保证持续有效的能源供给。

（2）储能装置能够改善电能质量，维持系统稳定性和安全性。应用储能装置是合理改善发电机输出电压和频率质量的有效途径，同时增加了分布式发电机组与电网并离网运行时的可靠性。可靠的分布式发电单元与储能装置的智能化结合是解决诸如电压跌落、涌流和瞬时供电中断等动态电能质量问题的灵活性手段之一。

（3）储能装置可以实现对能源合理调度的必要支持，根据需求提供调峰和紧急功率支持等服务，同时提高分布式发电单元拥有者的经济收益。在电力市场的环境下，分布式发电单元与电网并网运行，储能设备可以拥有足够的储存电力，在此情况下，分布式发电单元成为可调度的机组单元，发电单元拥有者可以根据不同的供用能形势预测结果，灵活地向电力公司售卖电力，提供调峰和紧急功率支持等具有高价值和高性能的服务，获取最大的经济效益。

储能装置能够使具有间歇性、波动性的可再生能源产生的电能提供稳定的供给，并有利于平衡供需关系。在能源互联网中，储能发挥着平抑可再生能源不稳定性的重要作用。为了有效弥补可再生能源发电的这种波动性，既需要有大容量储能装置，也需要有中小型储能装置。能源互联网中储能设备的大规模利用，需要储能设备具备良好的经济性。这就要求储能装置具有使用寿命长、能够即插即用、储能效率高等特点。

4.2.2　综合能源服务

结合多能互补、储能、电动汽车和虚拟电厂，能源互联网可以实现清洁、高效的综合能源服务。

综合能源服务是由美国提出，2006 年底美国将综合能源服务的研究工作上升到国家战略高度。在此之后，许多国家纷纷效仿制定了适合本国的综合能源的研究性计划，开始积极的探索综合能源服务。综合能源由此得到了巨大的发展，在基本的框架、内部的构成及运行的方式上都取得了长足的进步。

综合能源服务的理论研发一直以来是美国领先于世界。美国很早就提出了相关的发展计划，目的是提高能源的利用率从而提高原有能源系统的可靠性。日本因为国家地少人多，对综合能源服务这种新型的能源模式有着很强的追求。2010年开始就成立了研究机构。根据日本自身的国民居住特点建立了社区综合能源服务系统，包括供热、供电和燃气，目前这套系统已经日趋成熟化。2012 年日本跟随美国开始向大型的综合能源服务转型。

我国的综合能源起步比较晚，无论是技术层面还是人们的思想观念方面都落后于一些老牌的强国。但是我们有我们的优势，国家出台了一系列的相关文件鼓励新型能源的开发与利用。我国的互联网发展迅速，以阿里巴巴为首的一些资金雄厚的企业已经开始大力地研发新的技术。相信在不久的将来综合能源这种能源的体系可以代替我们传统的化石能源，让我们的生活环境变得更加美好，让我们的生活愈发便利。

目前，综合能源服务正以其创新的商业模式、巨大的市场需求，形成迅猛的发展态势。在国家电网有限公司战略转型的背景下，综合能源服务与电力物联网建设紧密结合是能源转型背景下的战略抉择，也是电网企业转型发展的必由之路。目前，国内两网五大发电集团均将智慧能源作为未来发展的战略方向，综合能源服务成为能源互联网落地实施的主要形式之一。

协鑫作为最早布局智慧能源及能源互联网产业的企业之一，早在 2015 年 3月就投运了国内首个"六位一体"项目，包括分布式光伏、天然气热电冷三联供、风能、低位热能、LED、储能六种能源系统，满足用户的多种能源需求，有效提升区域内的能源使用效率。截至目前，协鑫已建有 8 个微能源网，为向综合能源服务转型奠定了坚实的基础。

4.2.3　电力物联网在本场景中的作用

为了保证能源互联网多能互补系统的正常运行，需要通过电力物联网对分布式发电装置、冷热电三联供、溴化锂制冷设备和分布式储能系统、综合能源服务相关设备的全面信息采集，并结合各种先进计算技术，对设备和系统总体运行状态进行判断，实现全网态势感知，做出正确、有效的决策并对系统进行实时控制，从而为提高系统的多能互补性能奠定基础。

本场景下，电力物联网需要采集的信息包括用户负荷信息、新能源发电系统相关信息、分布式储能状态信息、冷热电三联供设备运行状态信息、综合能源服务设备的实时监控信息等。信息传输可以通过广域有线通信和局域无线通信相结合的方式，传输到能量调度和综合服务中心。信息处理主要通过大数据和云平台进行相关分析和决策。电力物联网控制目标是实现不同时空规模的多能互补和建立综合能源服务平台，提高综合能源服务水平。

4.3　能量管理、调度与优化

4.3.1　园区能量管理系统

能量管理系统按照集中协调—分布自治的分层互联架构[147]进行系统构建。在园区内建设能源互联网微电网综合能量管理中心，开发能源互联网综合能量管理系统，对区域内的冷、热、电等能源生产、传输、使用进行整体能源监控和优化。在重要负荷和分布式能源（如楼宇[148~152]、数据中心、电动汽车充电站[153~155]、分布式冷热电三联供、光伏[156, 157]和家庭[158]等）处建设子站，开发子能量管理系统或智能代理控制器[159]，用于对子站内部负荷的需求侧管理。例如，对于储能系统可以建立云端管控平台，将各个储能装置进行互联管控，以达到效益最优化运行；同时，储能云平台[160, 161]可以作为园区系统的独立子站或主站的一部分，与整体园区的能源管理系统协调统一，成为其有机组成部分。

为实现有效的园区能量管理，各监控布点情况如下。

1. 电力系统

在所有厂站、分布式光伏电站、开关站、储能、配电变电站等处布置相关自动化装置，采集电压、电流、有功、无功、开关状态等数据，实现量测全覆盖、高冗余。支持与园区调度中心之间的双向信息交换，实现遥测、遥信、遥控、遥调功能。在用户处安装智能电表（或者三表集抄），实现能量管理中心和用户的双向计量和通信。

2. 热力系统（包括供冷）

在冷热电联供热力主站、主要供热管道支线出口、换热站、用户入口 / 出口处安装热量表、压力传感器、温湿度传感器、流速传感器及相应的控制装置，实现流量、压力、温度、热量等信息的实时采集、双向通信和自动控制，实现对供热系统相关的控制策略，对锅炉房、换热站运行维护，对供热管网安全监测与预警，全网水力平衡监测与调节，对供热生产环节的能耗计量与统计分析，对热用户的实际使用情况以及实际供热情况进行监测。

通过计量统计各个环节（如：热源、热网、换热站、热用户等）各时段的能源使用情况，对耗能情况进行评估分析，包括供热生产状态、能源使用状态，供热服务效果，可帮助热力公司再次完成热网品质调节；按需供热辅助决策，助力实现供热系统节能，为节能减排、改进提高提供科学依据。

能量管理系统功能体系设计如下。图 4-4 是能量管理系统主要功能的展示界面。能源互联网的运行人员可以直观地了解到整个微电网的运行状态，并进行调度和控制。图 4-5 是能量管理的各主要功能及其相关关系，在跨平台的支撑平台基础上实现包括多能流 SCADA 子系统、实时建模与状态感知子系统、安全预警与风险评估子系统、优化调度控制子系统、自动安全控制、需求侧管理子系统和故障自动恢复决策子系统。

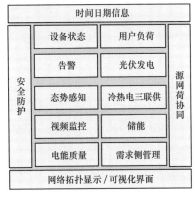

图 4-4　能量管理系统主要功能展示

支撑平台是应用软件与操作系统之间的平台，是能量管理系统的关键基础，系统支撑平台包括：分布式数据库及其管理系统、图形可视化及人机界面系统、在线事件处理和响应系统、网络通信和进程管理系统、安全管理、自动诊断系统、Web 浏览子系统。

多能流数据采集与监视控制系统（SCADA），是能量管理系统的最基本应

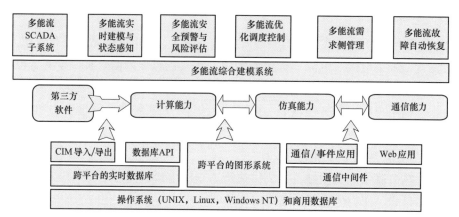

图 4-5　能量管理系统体系结构

用[162]，主要用于实现完整高性能的稳态实时数据采集和监控功能，是后续所有网络状态判断、预警、调度和控制等功能的基础。多能流 SCADA 需要实现电、热、冷等多能流系统的数据采集和监控功能。

实时建模与状态感知，是指利用多能流 SCADA 采集的实时信息进行实时拓扑分析、状态估计和参数辨识，实现完整、可信的全局电网状态监测，为后续的电网运行调度控制功能提供支持。

能源互联网的安全运行是其他功能的基础，安全预警与风险评估则是能源互联网安全运行的基础。而电、热、冷多能流系统是一个非常复杂的系统，安全问题更加突出，相互作用机理更为复杂，同时园区负荷的重要性非常高。

能源互联网是一个电、热、冷多能流系统，结构复杂，相互作用机理复杂，若主动负荷参与需求侧管理，则运行方式也会多样化。多能流优化调度控制是实现能源互联网经济运行的最核心功能，通过协同不同种类的可调控资源，实现分布式光伏的消纳、峰谷电价的充分利用、降低负荷峰值，提高能源使用效率。多能流优化调度控制需要面向电、热、冷、天然气多能流系统，实现不同能源类型的耦合互补与最优流动，从而最大化经济效益。

4.3.2　协同优化控制技术

整合和建设能源互联网信息通信系统的基本指导思想为信息物理系统（信息物理融合技术）。通过在能源互联网各种设备和终端设施上安装信息监测与控制终端，并对相关数据进行及时有效的传输和处理，可以实现对网络整体状态的了解和控制，从而实现源—网—荷的整体协同，保证冷、热、电、气的协同优化运行。

为了进一步提高"互联网+"智慧能源网络的协调优化运行，需要在多能互补和能源梯级利用相关技术基础之上，进一步研究包含各种形式能源的高效使用和运行策略。策略制定系统利用安装在各种能源设备和设施之上的信息监控设备，对能源系统的运行状态进行实时监控，并基于精确建模和大数据分析技术，对采集到的源—网—荷相关信息进行实时分析和仿真，制定及时有效的多能协调优化运行策略，同时基于信息物理融合技术，实现对设备运行的远程自动控制，保障系统的供需平衡和高效经济运行。

通过制定冷、热、电、气多能协调优化运行策略，可以克服传统能源生产的封闭性和独立性，避免单一能源生产的约束性和局限性，大幅提高"互联网+"智慧能源网络源—荷互补匹配的灵活性。在提高各种能源使用的经济性同时，保证电力生产和消费的同步性，减少系统失稳的概率。同时，该运行策略将有可能促进新的多能互补和能源梯级利用技术、设备的研制和使用。

通过研究智慧能源网络节点信息监测和控制终端，可以大幅度提高物联网技术在智慧能源网络中的使用范围和程度，显著增强系统的可感知性和可控性，进一步赋予智慧能源网络智慧和智能属性，促进全面统一的智能监控系统的实现，为多能协调优化运行策略的制定提供依据。

冷、热、电、气多能协调优化运行策略和智慧能源网络节点信息监测和控制终端，将广泛应用于各类智慧能源系统中，特别是能源互联网和泛能网中。通过多能协调优化和监控终端系统在传统能源系统和现代能源系统中的应用，能源使用效率将得到大幅度提升，产生可观的经济价值和社会价值。性能提升和经济价值的显现，将带动相关技术成果在能源系统中的进一步推广和应用，同时促进自身的发展。

基于"互联网+"智慧能源基本思想和网络信息监测和控制终端，多能协调优化将涉及智慧能源系统的生产、传输、消费等各个环节。通过运行和使用效率的整体性提高产生更多经济价值和社会价值，并通过信息物理系统和分布式协同策略，保证系统的整体稳定，大幅度减轻故障发生和异常情况出现带来的损失。由此，系统平稳运行将带来巨大的社会价值和经济价值。

同时，多能协调优化将进一步提高能源使用效率，大幅度提升清洁能源和可再生能源的使用比例，从而有效减少传统石化能源的消耗，降低二氧化碳和二氧化硫的排放量，避免温室效应，减轻雾霾危害。

另外，通过智能化的信息监测和控制与多能协调优化的结合，可以大大提高网络的智慧化、智能化和自动化运行水平，从而大大降低人工成本，避免人工操作的延时和出错可能，产生额外的系统运行效益。

4.3.3　风光储协同优化

风力和光伏等分布式可再生电源的输出功率随着外部条件的变化发生波动，如何对间歇式的可再生能源进行清洁有效的能量存储和提取，提升能源使用效率，同时保证区域能源供应系统的稳定性和鲁棒性，是能源互联网面临的主要挑战之一。

能量储能系统作为电能的缓冲设备可以有效解决这个问题，可以在处于负荷低谷时储存电源的多余电能，而在负荷高峰时回馈给电网以满足电网稳定运行的调节功率需求，并对系统的异常波动进行实时补偿或消除。在此情况下，分布式电源与储能装置的结合可以很好地解决电压骤降、电压跌落等典型电能质量问题。而针对系统故障引发的瞬时停电、电压骤升、电压骤降等问题，同样可以利用储能装置提供快速功率缓冲，吸收或补充电能，提供有功功率支撑，进行实时有功或无功补偿，以稳定、平滑电网电压的波动，实现故障情况下关键电力设备的低压穿越。

风光储协同优化可以以能效最大化、成本最小化，尽量保证系统环保性和鲁棒性等为目标建立相关目标优化函数，并考虑系统在实际运行中的各种约束（容量约束、功率约束、瞬时平衡约束、充放电速率约束等），基于智能性的搜索算法，在尽量保证得到系统最优解的情况下，减少搜索迭代次数，降低计算时延和计算复杂度。为达到此目的，已经有很多参考算法可以使用，如拉格朗日乘子、凸微分方程、粒子群滤波、蚁群搜索、遗传算法、模拟退火、增强学习等技术，并且这些技术可以通过主成分分析、压缩感知等技术降低数据的维数进一步减少计算量。

风力发电、光伏发电等可再生能源发电的输出功率会跟随外界变化而具有较大的波动性，随着在电网中的渗透率提高，其对传统电网的安全性、稳定性、电能质量等多方面造成了冲击和影响，国内外都对此进行了规范。在间歇性电源出口配置一定容量和功率的储能装置，可以有效抑制输出功率的波动及骤变，提高并网稳定性和调度性，增强此类可再生能源发电的可利用性。鉴于目前储能装置成本较高、使用寿命较短，如何配置储能系统的容量，以及利用有限容量的储能系统平滑波动性功率输出，并保证储能系统的安全持续运行，对控制提出了较高的要求。

4.3.4　电能质量治理

传统的电能质量治理指运用各类电能质量治理装置，如动态电压恢复装置、电能质量综合控制器等，针对特定位置和电网问题进行专项治理。在能源互联架构下，电能污染的扩散途径明显增加；电气装置的多样化使得污染源增加，广区域的低频谐波振荡长期存在且难以消除，如其需要解决的具体问题包括：谐波、振荡、三相不平衡、电压偏差、电压跌落以及短时中断等[163]。

1．配电网侧治理方案

从配电网侧角度进行电能质量治理时，通常将微电网看成"发电负荷"。此时微电网对于配电网所呈现的电气特性较常规用电负荷的电气特性有一定的差异，在治理时要考虑间歇性、不可控性发电装置产生的电流、电压输出波动需要综合分析和处理波动导致的有功无功功率、谐波、不平衡甚至谐振等相关因素。此类方案主要用于治理多微电网系统对配电网的电能质量申扰。

2．微电网侧治理方案

与配网侧相比，在微电网侧进行电能质量治理的方案较为灵活，且与传统的配电网电能治理措施存在许多相似之处，可以实现有效借鉴。治理时既可本地化实时治理微电网内部的非线性负荷引起的电能质量问题，也可通过区域整体调度，调整微电网内微源、储能与非线性负荷以及线性负荷之间的功率潮流关系，来改善本地电能质量，或者专门在微电网的公共连接点处以及非线性负荷附近安装辅助设备，来治理本地电能质量问题，并防止污染扩散。

4.3.5　电力物联网在本场景中的作用

能量管理、调度和优化为电力物联网提出了以下要求：

（1）实现信息与能源的融合。

（2）具备多样的终端信息采集能力。

（3）具备灵活的网络通信手段。

（4）具备信息多向流通的能力。

（5）具备高速可靠的网络传输能力。

（6）具备强大的信息存储、处理、分析能力和辅助决策能力。

（7）基于大数据和人工智能实现非结构化数据挖掘能力。

（8）具备规范的业务执行标准。

（9）具备坚强的网络信息安全保障能力。

综上所述，针对能源互联网的能量管理、调度和优化，离不开对能源节点信息的实时采集，能源网络的数字化和自动控制的实现，以及多样化的终端信息采集。同时也需要借助灵活的系统通信手段，以及基于大数据和云平台，对所采集数据进行及时、广泛、深入的信息挖掘。以上功能均可以通过与之相对应的电力物联网相关技术得到解决。

本场景下，电力物联网需要采集的信息包括用户信息、能量管理系统和相关设备的信息、发电设备状态信息、电网状态信息、电网潮流信息、各类能源使用信息、储能设备状态信息等。信息传输可以通过有线为主、无线通信为辅的方式将信息传送到能量管理中心。信息处理主要利用大数据和云平台进行数据分析和加工。电力物联网控制目标是实现稳定高效的能量管理、调度与优化，降低系统整体能耗水平。

4.4 企业经营管理

企业的经营管理离不开云平台基础设施的建设（企业上云），数据监测系统的安装，一体化的供应链服务的提供，绿色金融的建立，即时有效的数据处理的实现等方面。

4.4.1 企业上云

企业上云（见图4-6）需要整合新能源和传统能源全产业链资源，广泛采用物联网、大数据等新兴信息通信技术，提供诸如信息发布、咨询评估、方案推荐、设备采购、安装调试、并网接电、电费结算及补贴代发、金融服务、运行维护等全流程一站式业务和服务，打造"科技＋服务＋金融"相融合的云服务平台，满足分布式发电各参与方的需要，推进跨行业、跨领域、精细化合作发展，着力培育"互联网＋光伏""互联网＋风电"等产业模式，打造新能源领域新业态。

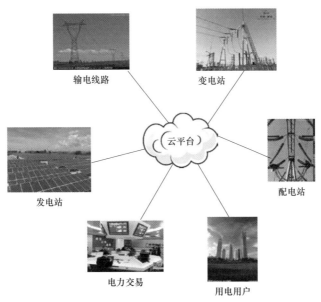

图 4-6　企业上云

具体功能包括：

（1）信息发布：包括供需信息、政策信息、技术标准、行业动态、专业知识和典型案例等功能。

（2）在线交易：包括发电设备交易、可再生能源电站交易、知识产权交易和研究成果交易。

（3）智能管理：包括可再生能源建站、线上报装、电费结算、补贴代付、运行监测、智能运维等功能。

（4）能源金融：包括能源融资、能源保险、能源交易等高级服务功能。

（5）数据分析：包括智能故障诊断、客户特性分析、电站能效分析、投资效益分析、环保效益分析、电量平衡预测、产业发展预测等功能。

（6）多能协调互补：可再生能源发电可相互协调。同时，通过采用冷热电三联供技术，以及智能调度，可以实现冷热电多种能源的灵活协调和利用，实现能源互联网系统的削峰填谷，避免弃风、弃光，从而获得可观的发用电收益，保证经济、有效的供需平衡。

4.4.2 数据监测系统安装

数据监测系统可以有效辅助实现综合能效的提升，对企业经营管理来说意义重大，可以大幅度节省企业的用能成本，降低环境污染，保证企业用能的绿色化、数字化和可持续化。数据监测系统包含以下几个方面。

1. 企业端监控系统安装。

通过监控系统安装，掌握用户入口数据，为后续业务提供数据支撑。能效管理平台的底层，本质上是一个能源物联的接入平台，其包括：水、电、热、气，源—网—荷—储，能效设备/设施等。平台应支持所有设备对象、采集规范、通信方案等实时接入，并录入数据到数据库。同时，量测信息不仅包括一、二、三级测量，还要支持设备状态、设备台账、设备运行信息、电量、非电量等全景式测量。此外，多个业务的数据要多时、多维度的融合。

2. 云平台建设

云平台要支持各类能源设备物联，不仅是关口表，还有二、三级管理表计、开关信号、水热气等各类输入设备，要支持 WiFi、以太网、2/3/4/5G、RS232 等各类物理接口。能效管理云平台技术架构如图 4-7 所示。

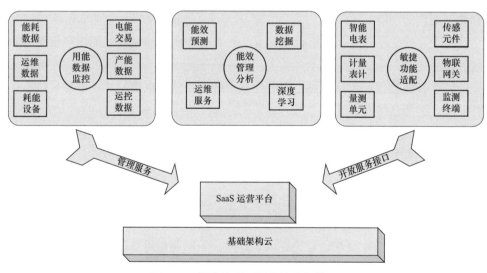

图 4-7 能效管理云平台技术架构图

不同于传统监控系统，云平台要将成千上万客户数据接入平台，且往往是并发接入，所以要求平台要实时、无缝、可靠、可信的接入信息。平台要解决数据集成、交换、应用等问题，构建统一的数据模型，支撑多源、异构、多样、海量的数据采集、存储、处理、分析应用。

3．能效云应用部署

（1）能耗数据监测。云平台搭建完成后，导入用能典型企业的用能数据，进行云平台试运行。对用户入口以后的监测、分析、交易、节能效益等进行闭环测试。然后推广使用，尽最大可能进行监测数据接入。

（2）能耗数据管理。云平台能耗数据管理要具备以下功能：自动采集，数据处理，确保大数据的准确性、唯一性和及时性，跟踪和监控数据质量问题；数据展示形式多样，可用 App、浏览器等进行远程监控，并用组态软件进行本地监控；人性化的数据查询、分析、版本管理以及后期维护，减少数据沟通成本。简化不同业务之间数据集成复杂度，打通不同业务之间数据链接。

（3）运维服务。传统的设备运维方式需要指定专人管理，定期清扫，周维护，月保养，且保养和维护工作是否到位难以管控。另外在设备运行过程中，关于是否异常运行、超负荷运行没有界定依据，特别是对于陈旧设备是修是换，无法进行综合的成本核算。如此运维，效率低下，运维效果差。设备数据接入云平台，可以进行数字化管理，实时监控设备运行状态，对故障进行告警或预警提示，给出运维方案，并对运维结果监督核查，提高运维有效性。

4．高级应用示范

将提高能效、可再生能源利用、循环经济模式以及能量存储等过去被作为相互独立的理念和技术，视为一个整体或一个复合型体系，并在这个体系中，根据目标企业的具体情况去优化调整它们之间的关联，让它们协同发挥作用，将企业的能耗需求降低，优化供给。能效管理高级应用示范如图 4-8 所示。具体高级应用包括如下 3 个方面。

（1）需求侧管理与响应。需求侧管理主要是为了节省能源，或保证供电的持续性和平稳性。需求侧管理与响应将向着更加智能化、自动化和个性化的方向发展。

（2）负荷建模与预测。与能源互联网范围内负荷有关的，覆盖各个方面和技术细节的海量数据，可以显著提高负荷建模的性能，进而与电网互动，提高电力系统的整体性能。通过大数据采集和高性能分析技术，精确负荷预测将成为现实。

（3）多能互补。随着风电、光伏等非稳定性新能源的大规模接入，以及分布式清洁能源的广泛使用，能源总类和规模明显增加。且各种能源之间在时间上和空间上存在一定的互补性，为能效提升创造了巨大的空间。因此，通过多能互补，有效提升能源，特别是可再生能源的整体利用效率，加大分布式能源的本地

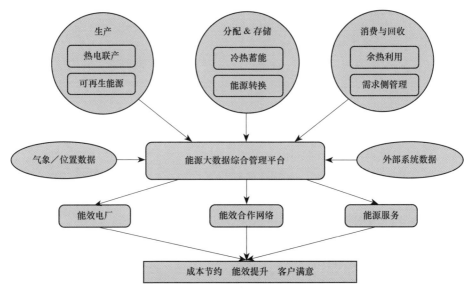

图 4-8　能效管理高级应用示范

消纳和就近共享，从而降低能源利用成本，产生可观的经济效益和社会效益，是能效提升的关键性手段之一。

4.4.3　数据质量评估与治理

鉴于设备和技术的限制，企业经营管理所采集的数据不可避免地存在质量问题。数据质量的下降可能由设备故障、频谱干扰、噪声干扰、人为攻击等因素造成，使得相关数据的完整性、精确性和一致性难以得到保证，由此在有效利用相关数据之前，需要对企业经营管理的数据质量进行评估与治理。

数据质量评估离不开对数据的分类。现在对数据质量的维度分类有很多。这里将数据的一致性、时效性、精确性、完整性作为衡量数据质量的标准。在四个性质中，其中完整性指一条元组的属性是否有缺失值，精确性是指其值在语义和描述等上是否正确，一致性指是否符合定义的规则，时效性是指该值是否是最新的。借助层次分析法（AHP 技术）和量化指标计算，从这四个方面可以全面地判断一个数据集的数据质量。

经过评估后的数据质量治理主要包括数据清洗、数据集成和数据缺失处理等技术。

数据清洗 (Data Cleaning or Data Scrubbing) 技术包括实体识别、重复对象检

测、缺失数据处理、异常数据检测、逻辑错误检测、不一致数据处理等部分。数据清洗技术一般是应用相关的，在不同的数据上使用不同的方法，但总体包含上述的部分。重复对象的判断一般基于相似度的比较。

数据集成 (Data Integration) 主要是在模式层进行，实例层上是冲突消解。冲突消解可以看作数据集成的一个步骤。将不同的数据源的数据合并的过程中，数据可能是异构的。而异构分为三种：技术异构、模式异构、实例异构。我们需要将这些异构的数据集成在一个系统中，用统一的格式进行表示，最好同时消除数据的冲突。数据集成有两种：一种是虚拟的数据集成，在对用户的视图上，数据用一致的方式展现出来，但是在数据底层，数据仍然是异构的；另一种是实质上的数据集成，数据在表示上消除异构，解决冲突。当然，冲突有时候不能够完全消解掉，这时需要我们在劣质的数据上查询。不一致数据库上的查询处理也是当下研究的热点。

数据缺失处理是另一个基本技术。1977 年 Dempster、Laird 等人针对不完整数据提出了期望值最大化方法（EM 算法），在其后的几十年，EM 算法得到了迅速的发展。它是一个迭代的过程，该过程开始于一个初始化的估计，即首先估计最近结果的对数似然期望，然后通过最大化这个期望来创建一个新的估计，逐步创建一系列估计。该方法具有较好的实际应用价值，但该方法很有可能产出局部极值，收敛较慢，并且计算复杂。

4.4.4　绿色金融

发挥场景优势，围绕"互联网 +"电费金融、绿色金融及供应链金融服务，创新融合智能金融新模式、新业态，支持实体经济发展。绿色金融主要包括以下 4 个方面。

（1）光伏金融服务。联合金融机构打造包括涵盖光伏项目建设的绿色债、绿色信托、电费结算及收益权质押、收益权转让（资产证券化）等全系列绿色金融产品。

（2）用电套餐金融产品。面向需求侧管理，研究开发需求响应套餐、绿色用电套餐、环保用电套餐等特色金融产品。

（3）能源供应链金融服务。依托物资电商化采购运营的优势，面向能源产业上下游供应链企业，大力发展供应链金融服务。

（4）分散式微平衡的能源互联网商业服务。推荐的服务包括：能源自供、能源代工、能源团购、能源救援、能源期货、能源担保、能源桶装、"滴滴"能源、能源 WiFi、能源定制 4.0、能源点评、淘能源、能源顾问、能源托管、能源众筹、能源借贷等方式。

（5）其他创新金融服务。搭建用能权、碳交易服务平台，以及联合金融机构试验性发行绿色主题卡、绿色能源银行等创新金融服务。

4.4.5　电力物联网在本场景中的作用

电能企业经营管理离不开电力物联网的支持。为了保证供电的经济性和获得持久利润，用于决策分析的相关企业经营管理数据和生产运行数据必不可少。这些数据必须要具有精确性、可靠性和实时性，以保证对企业的有效、可靠和可持续经营管理。电力物联网可以用于对此类数据的收集，保证相关数据采集质量，进一步提升后续数据分析性能。

本场景下，电力物联网需要采集的信息包括：用户负荷信息、用户用能特征信息、企业运行状态相关信息、企业能耗信息、企业运维管理信息、全供应链设备和设施信息、电能质量信息等。信息传输可以通过以有线通信为主的方式，传递到企业经营管理平台。相关信息处理主要采用大数据和云平台技术。电力物联网控制目标是缩短企业经营管理的反应时延，提升经营管理整体效率。

4.5　用户服务平台

为了有效贯通价值层、业务层、信息层和能量层，能源互联网基于信息物理融合系统、信息通信基础设施、能源传输和互联网技术，综合应用多能互补、源—网—荷—储协调、大数据分析、需求响应等手段，搭建一个满足能源互联网商业模式需求的，具有能源互联网开放性服务特色的新型"互联网 +"能源服务平台。

4.5.1　系统架构

用户服务平台功能 / 主体划分架构如图 4-9 所示。

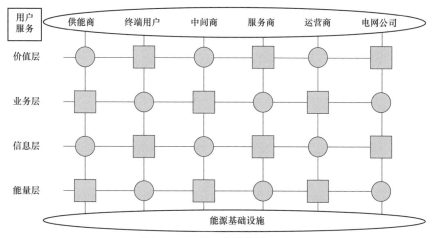

图 4-9　功能 / 主体划分架构

能源互联网的整体架构可以分为价值层、业务层、信息层和能量层。其中价值层负责实现能源互联网整体价值，以及各个组成部分的基本价值；业务层负责业务流的制定、运行和交易；信息层负责信息流的采集、传递、应用与交互；能量层负责能源流的生产、管理与共享。整个架构以价值为导向，通过业务层、信息层和能量层的相互配合，实现能源互联网能量的精确调度与高效利用，解决现有的能源和环境危机，保障社会经济的正常运行。根据该目标，能源互联网需要提高各层功能和服务的运行效率，并形成整体综合控制，以避免分散控制造成各自为政，相互制约。为此，业务流、信息流和能源流的融合是必然的发展趋势。

以下的讨论主要以电能形成的能源互联网为基础，对其总体架构进行研究和阐述。而对其他能源，可以基于电能形成的能源互联网，额外进行控制，但仅能对能源传输关键部位（如阀门、流量表等）进行监测和控制，无法实现类似电能系统的全局、各环节整体控制。其监测和控制精度也远小于电力网络，达不到电能系统所具有的控制精度和性能。

4.5.2　服务平台功能

基于能源互联网先进的信息通信基础设施，以及互联网相关理念，通过"互联网 +"带动综合能源互联网服务平台建设，建立电子化、互动化、对等化、自动化的便捷能源互联网商业模式和交易平台。在减少交易成本、提高交易效率、缩短交易时间的同时，提升能源系统的整体性能，完善相关功能和服务。

以国家电网有限公司为例，服务平台具体提供以下 4 个方面的服务。

1."互联网"+电力营销

为客户提供一揽子全线上办电服务，延伸拓展需求侧响应、多表合一等增值服务，满足能源用户多样化、个性化消费需求。具体功能包括：

（1）智能交费服务。在满足客户线上交费基本需求的同时，扩展自助停复电等功能，加快电费套餐、"交费＋理财""交费＋信贷"等业务拓展。

（2）需求侧互动响应服务。通过积分、电费小红包奖励等形式，鼓励用户实时掌握用电信息，主动参与需求响应。

（3）多表合一服务。以电能表为中心介质，向用户提供综合能源服务一卡通服务。

（4）积分服务。提供丰富的积分应用场景，增强电力客户价值体验和黏性。

（5）虚拟电厂服务。虚拟电厂运营商通过电力批发市场或双边合同向电网运营商出售电力，自动选取用户来响应电网的能量需求，并将电力生产需求告知用户。用户在接到响应后，向电网供应电能，电网运营商对入网的电能向虚拟电厂运营商支付费用，而虚拟电厂运营商再向用户支付费用。

（6）智能用电服务。智能用电服务通过家庭能量管理系统提高家庭能源利用效率，采集智能电能表、煤气表、水表、温度、天气等数据，完成相关数据在向家庭用户进行可视化展现后，可以通过电力光纤统一传输数据，转发给煤气公司和自来水公司。

（7）家庭能源管理。利用天气信息与传感器找到能耗源，通过控制家用电器参与需求侧响应，同时实现可视化、移动端应用及分析，并根据实时能源价格提出可行建议。

（8）其他增值服务。以电费发票为载体，向用户提供能效管理方案推荐、节能服务、用电设备健康检查、灵活用能指导等差异化服务。

2.互联网售电服务

依托电网公司庞大的客户用电数据信息，建设售电服务云平台，以互联网第三方平台形式服务售电市场建设，支撑国家电网有限公司积极参与售电市场竞争。具体功能包括：

（1）业务运营云平台服务[164]。为各售电企业业务开展提供一系列可定制化的运营支撑解决方案和技术支持。售电企业无须单独开发，因此可以节约社会整体资本，共建互联互通售电生态圈。能源互联网市场交易服务可借助电力企业已有的客户基础特性数据及客户用电相关数据库资源，建立以开放为特征的用户交易服务平台，开发新的经济增长平台，以尝试运行和推广各种高价值的增值和辅助服务，逐步颠覆传统业务交流方式，积极构建以开放、共享、协同、融合为特征的能源互联网生态网络。所有的电能消费方都将受益于电力市场的此类开放式新型竞争机制。

（2）购电策略优化服务。为售电公司提供用户用电量预测、用户电能消费行为分析，辅助售电公司做好购电决策。

（3）电费套餐交易服务。搭建面向全部售电主体及用电客户的电费套餐交易平台，各售电企业可自由发布自身电费套餐产品，用户可询价、比价及自主选购。

（4）电能故障处理众包服务。面向全部售电主体及用电客户提供电能故障处理众包服务，用户或售电公司灵活发布电能故障处理需求，国网系统抢修队伍、社会专业维修企业等可以自由接单。

3．节能 + 电能替代

依托节能与电能替代业务资源优势，以系统内、外节能公司需求为导向，整合能效行业全产业链供求关系，实现公司节能与电能替代业务互联共享、降本增效、公开透明、创新发展。具体功能包括：

（1）线上交易支撑。发挥互联网平台优势，引入"互联网 + 节能""互联网 + 电能替代"新模式，依托能源供应链体系开展节能及电能替代业务。

（2）一体化服务。畅通信息发布推送渠道，优化运维托管派单流程，健全服务商评价管理机制、全面提升售后服务质量，打造优质线下服务，服务社会节能减排与清洁能源业务发展。

（3）全产业整合服务。通过建立互惠共赢的平台，将系统内、外节能服务公司、节能设备厂商、高耗能企业、节能协会、科研机构、高校、投资机构、金融机构等纳入能效服务共享生态圈，通过开展节能产品众筹、租赁、融资采购，促使企业积极参与至节能改造项目中，引导社会资本开展节能投资，共享投资收益。

（4）综合能源利用服务。在能源互联网条件下，建立实现供热（采暖和供热水）、制冷及发电过程一体化的综合能源利用体系。首先全额消纳分布式光伏或风力发电，其次通过目前先进的冷热电三联供技术，一方面由三联供提供冷负荷，另一方面在供冷的同时实现发电，双管齐下降低夏季用电高峰负荷用电。同时，利用相变储热技术辅助实现冷热负荷削峰填谷。

（5）能效管理。能效管理技术是利用深入到用户内部的分类用电信息采集和控制网络，细致掌握用能个体内部的用电负荷特性，并在负荷预测和分类的基础上引导更为科学、经济、安全和高效的利用电能，使得能源互联网负荷能够整体实现"削峰填谷"，提升区域负荷平衡能力，提高电网设备利用率，降低用电成本，提高电网能效水平，实现节能。

（6）电动汽车充放电服务。充电桩作为能源互联网的智能供能终端，在充放电过程中，电动车储能电池与充电后台需要进行数据交换以控制传输电流格式和电量大小，并获得电动汽车相关数据，了解和监控其充电状态，确保充电安全；电力企业通过手机 App 客户端可以帮助电动汽车车主实现实时定价查询、借助电子地图和 GPS 软件了解充电桩的建设分布、具体位置、数量以及充电口空闲数等信息，推荐选择在最经济和消耗时间最短的充电点进行缴费充电，甚至可以实现卖电赚钱，通过"线上 App+ 充电网络 + 线下储能设备"的 O2O 闭环将人车桩串联起来，在有效功能的同时，帮助电网实现移峰填谷，平抑电价。

4. 大数据服务

依托电力特色大数据资源独特优势，通过"电力特色大数据 + 电商业务大数据 + 外部大数据协作"聚合数据资源，构建面向电网公司内外部、具有能源特色的全域互联网大数据公共服务平台。具体包括以下 6 个方面的服务。

（1）基础应用服务。开展客户全息画像，提升客户服务水平，精准营销，更精准的需求侧管理，大数据风控等。

（2）互联网征信服务。开展企业征信和个人征信，拓展信用价值应用，利用征信正反馈机制促进其他业务创新发展。

（3）开发特色大数据产品：包括如分行业、分地区的用电指数产品，服务国家经济建设。开发其他数据产品，如贷后用电预警产品等。

（4）建设数据市场。包括建设数据交易市场，实现对加工或封装的数据资源及特色产品进行规范交易。

（5）需求侧管理服务。当能源短缺时，需求侧管理采用市场价格激励用户主动改变用电曲线，或鼓励用户提高能源使用效率，从而提升系统运营效率，降低不必要的投资和能源消耗。在制定用能价格和相关策略时，需要借助大数据分析和处理技术。

（6）其他服务。包括服务国家社会治理，诸如房屋空置率，用电异常预警，环保治理监控等；以及更高层次应用，如大数据驱动产业链运行方式高效、创新和变革等。

4.5.3　该场景下的电力物联网建设

用户服务平台的电力物联网建设可以包括以下几个方面。

1．物联网系统建设

能源互联网信息网络，需要实现信息与能源的融合，以及具备多样化的信息采集能力。物联网可以将终端延伸到任何物品与物品之间，从而进行信息交换和通信，能够满足能源互联网信息互联的终端信息采集需求，是构建能源终端互联的理想技术。基于此，能源互联网信息系统性能的提高需要嵌入式传感器与低功耗通信等技术的突破。

2．能源互联网通信

能源互联网的建设将延伸到人迹罕至、条件艰苦的区域。单一的通信技术已经不能满足需求，需要综合利用专用和公用的光纤网络、无线网络、电力线传输等各种通信手段，才能真正实现终端物联网的互联，保障能源信息的实时传输和交互。未来国家能源互联网通信将以光纤为主要通信承载方式，并有效结合 IP 与其他通信技术（如光纤环网 +SDH+IP）。

3．大数据和云计算技术

通过整合网络运行的内外部数据，如网内设备／设施状态数据、电网整体性能数据以及天气数据、气象数据、电力市场数据等，能源互联网可以实现及时有效的大数据分析，实现负荷预测、发电预测、机器学习等相关功能，打通能源生产和能源消费端的数据共享渠道，提升运作效率，可以实现区域内能源需求和供应的实时、动态智能化调整。所以，能源互联网需要大数据技术来实现对所采集到的海量信息的高效存储、筛选和分析，为能源互联网的参与实体提供实时高效的交互式的数据查询和分析能力；而云计算技术又可以为大数据技术的实现提供强大的计算资源支撑。

4．信息系统功能需求

信息系统功能需求包括支撑平台建设、多能流数据采集与监视系统、多能流实时建模与状态感知、多能流安全预警与风险评估、多能流优化调度控制、多能流需求侧管理、多能流故障自动恢复决策、智能分析与辅助决策和调度管理等。

本场景下，电力物联网需要采集的信息，包括为实现以上信息系统功能所需的相关信息。可以通过光纤通信和无线通信相结合的方式传递到用户服务平台。信息处理主要通过大数据和云平台相关技术实现。电力物联网控制目标是扩大用户服务平台的监控范围，提升用户服务平台的反应速度。

4.6 电力需求侧管理与虚拟电厂

实现电力需求侧管理（DSM）的 3 个主要因素有经济激励、可变电价和虚拟电厂，如图 4-10 所示。前两个因素的结合是有效实现需求侧管理的主要方式和根本推动力，后者虚拟电厂则代表实现需求侧管理的一种简单、高效、普遍的用户参与形式。

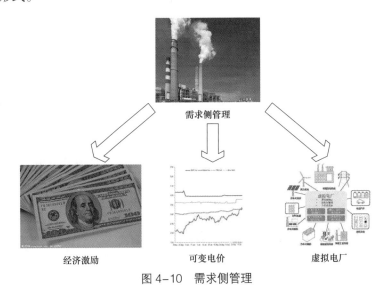

图 4-10　需求侧管理

4.6.1　电力需求侧管理实施背景

中国作为世界上最大的能源生产国和消费国，正面临着严峻的能源需求压力增大、能源供给制约较多、能源生产和消费对生态环境损害严重、能源技术应用总体落后等问题与挑战。当前，我国正在积极推进能源生产与消费革命，特别提到要促进能源利用结构优化，探索能源消费新模式，通过开展电力需求侧管理等工作，进一步有效提高能源利用效率。然而在目前情况下，我国能源供应侧和需求侧整体不协调、不平衡的局面难以得到有效缓解。特别地，我国工业电力消费占据全社会总量的 70% 以上，但由于"能源供多少"与"工业需多少"难以同时实现全局和局部的有效匹配，煤电油气在不同时段、不同区域供应紧张状况时有发生，给工业生产带来了不利影响，严重制约我国经济和社会的高效稳定发展。所以，工业产业若想保持竞争优势，必须积极开展电力需求侧管理，实现能源的精细化匹配，提高能源利用效率[165-167]。

电力需求侧管理优点众多，包括电力削峰填谷、平抑电价、消除电力传输阻塞、用户终端节电、提高电能使用效率等，从其概念产生至今已得到世界的认可。它是通过政策上的结构调整、经济上的电价控制、技术上的设备升级等手段持续优化用户用电方式、改善电力资源配置的一种有效手段。

4.6.2　实施意义

实施电力需求侧管理的根本意义在于通过合理运用技术手段与市场机制，在满足需求的前提下，引导用户积极主动改变用电方式、用电数量和用电时间通过合理消费、多用低谷电和季节电、多采用高效率设备等方式降低用户自身的用电成本，通过分布式协作有效调整电网负荷侧用能结构，改善电网运行的经济性，降低发电企业发电成本，优化配置国家的电力资源，实现绿色环境保护和社会可持续发展。

通过削峰填谷和节能等措施来实现资源合理利用，促进能源消费观念的转变。其可以有效地削减电网调峰压力，提高设备用电效率、供电可靠性、降低不必要损耗、延缓电力投资和设施更新周期。一方面，通过技术手段实现对负荷的直接管理，公平合理地削减高峰时段负荷以缓解区域整体用电压力，在低谷时段，通过合理增加负荷或分布式储能装置，对过剩电能进行有效的存储与消纳。另一方面，利用经济杠杆，通过峰谷分时电价机制实现对电力需求侧的间接管理，借助市场的力量缓解供用能耦合和供电成本上的压力，通过高峰时段的高电价引导用户在高峰时段自觉减少不必要的电能使用，而通过低谷时段的低电价激励用户在该时段加大生产和消费力度，或是将多余电能进行有效存储，从而实现电能的整体经济性利用。

工业领域电力需求侧管理是需求侧管理的主战场，通过有效的技术、经济手段影响并改变工业领域用能的方式。除电力需求侧管理的基本作用以外，更延伸到工业生产过程中用电和供电的各个环节，包括有效提升分布式发电利用比例和用电可靠性、推动生产流程的改进、带动技术和工艺的创新、促进企业管理水平的提高、不断降低单位增加值能耗、持续推动产业升级等一揽子综合性作用的重要手段。

实施电力需求侧管理具有显著的社会效益和经济效益[168]。对社会而言，电力需求侧管理的实施可以有效减少整体和尖峰电力需求，从而减少对一次能源的消耗与传统化石能源发电污染物的排放，缓解环境压力，同时在环境治理和保护方面减少社会资源的投入和自然资源的消耗。对政府而言，可以通过实施电力需求侧管理，合理配置电力资源，优化资源配置结构，促进经济的协调发展，还可以加快和促进用电设备的更新换代，改变公众意识，增加社会对高能效设备的需求，促进 GDP 增长，降低单位 GDP 能耗。对电力客户而言，实施电力需求侧管理，可以通过优化用能，降低电力消耗，减少电费总体支出，有效降低企业的经营成本，间接提高产品的性价比竞争力。对电网公司而言，通过实施电力需求侧管理和需求响应，可以减少用电高峰时段电力负荷对电网的压力，提高供电可靠性、用电效率和服务水平；在电力供应形势日趋紧张的情况下，可以大大缓解电网公司限电的压力，提高现有电网设备和设施的利用率，保证电网安全、稳定、经济运行，减少、延缓和优化电网建设的投资。

4.6.3　发展方向

当前，电力交易市场自由化使得实时发布的价格信号和价格博弈行为，可以更好地帮助电力系统实现供需平衡。新一代智能和信息通信技术推动着需求响应实施的成本下降，政策上更加关注绿色低碳和减少环境污染，科学技术在供应与需求端也在悄然发生着变化。其中一个重要的趋势是，电力需求响应在供需平衡中变得越来越重要。

我国在电力行业仍然缺少基于市场机制的实时性电价信号，如发电容量、能源、辅助服务市场等与电能服务密切相关的价格信号。电力需求响应的核心目标在于用户能够基于反映系统成本的实时性电价信号，自愿地、合理地对价格信号或者经济激励做出正确反应，从而改变传统粗放式、强制式的用电行为。在未来市场化的电力系统中，需求响应将作为一种灵活性和高效性资源，可以媲美发电侧资源，发挥与之同等的调峰调压作用，同时具有更高的环保和经济效益。但由于我国电力市场尚未完全放开，很难精确估算电力需求响应的市场价值，不能合理分享用户和其他参与方的应得效益。

2012 年 7 月 16 日，国家财政部与国家发改委联合印发《电力需求侧管理城市综合试点工作中央财政奖励资金管理暂行办法》[169]。办法中规定，试点城市可采取更为灵活的需求响应政策，如对钢铁企业等大用户定点实行可中断负荷电费补贴，对实行需求侧管理示范项目及能效电厂项目给予冲抵电费等经济和税收支持。同时，充分用分时电价、阶梯电价和差别电价政策，促进削峰填谷，实现电力动态高效平衡。其中，实时尖峰电价与可中断电价是深入开展电力需求侧管理和响应的标志性措施。

因此，电力需求侧管理的发展要围绕以下几个方面进行。

1. 制定有利于能源市场融资政策

政府应当完善能源领域融资机制[170]，具体包括：出台专项资金配套文件，落实资金分配比例及额度标准，明确专项资金的监管主体，保障资金良性运作。在专项资金良性运作的前提下，可以鼓励银行、能源服务公司等专业机构进行针对性中长期投资。

2. 完善有关简化能源企业项目审核审批流程政策

完善行政审批制度，采取有效的措施以简化相关的项目审批和审核流程，为售电公司、负荷聚合商和工业用户实施需求侧管理提供便利。对积极主动参与能效管理的企业或机构，政府应为其提供及时到位的服务，在审批的各个环节，相应的项目采用优先审批等措施，促进参与电力需求侧管理的项目的落地。

3. 建立能效交易机制

制定出台激励政策，对进行能效交易的企业进行相应的奖励或表彰，通过给予一定的经济回报鼓励企业为能效管理做出贡献。

4. 落实合同能源管理扶持政策

加大对合同能源管理的政策扶持力度，积极探索新型合同能源管理运作模式，如能源融资租赁模式、金融机构持股能源企业模式、政府设立专业能源融资担保机构等模式。同时，需进一步完善能源管理合同，防范法律风险，杜绝法律漏洞。国家相关管理部门联合法律服务机构根据不同的合同能源管理模式制定专门的合同范本，达到降低企业交易成本和交易所面临的法律风险的目的。

5. 增加反向惩罚性政策[171]

由于法制不健全，有些较好的电力需求侧项目，如风机水泵的改造等，电网企业等机构原本可以投入，但是投资方普遍担心项目实施后，拿不到相应的回报，像拖欠电费一样迟迟不能实现其投入资金的回收和盈利，多数电力公司只能放弃这种机会。而反向惩罚性政策制定，可以保障参与电力需求侧项目的各方的权益，及时获得其应得的收益及回报，增加投资者实施电力需求侧项目的信心，促进电力需求侧的发展。

4.6.4　电力需求响应技术

电力需求响应是指电力用户受电力价格变动和激励措施的引导，主动改变其常规用电模式，以期在电力市场出现电力负荷尖峰或者电力短缺威胁、电力系统的整体可靠性时，通过用户及时按期望响应电网指令、降低部分非重要负荷用电需求或转移可控负荷的用电时间来保持系统稳定性，防止因供能短缺导致的系统崩溃并因此获得一定收益。

1. 电力需求侧响应的类型[172]

根据电力需求响应参与市场类型和方式的不同，可将需求响应大致分为两类——基于价格的需求响应和基于激励的需求响应。

（1）基于价格的需求响应。基于价格的需求响应是指用户对实时零售电价的显著变化做出响应，并调整其自身的用电需求。经过经济利益推动相关决策，用户主动将部分可控负荷的用电时间从尖峰电价转移到低电价时段，以削减其在高电价时段的用电量，并减少其电力消费。

（2）基于激励的需求响应。基于激励的需求响应是指，按照已制定的随时间变化或具有一定时空确定性的鲁棒、高效用电政策，由实施机构对参与活动的电力用户进行激励。这样，用户就可在区域系统的可靠性受到威胁或电价较高时，及时响应系统的指令，相应地削减用电负荷，平抑尖峰负荷，以达到系统平稳运行的目标。用户在参与需求响应项目前，一般应先与需求响应的实施机构进行沟通，并根据自身的用能特性签订实施合同，确定其在尖峰时段基本负荷的消费量和所降低的负荷量的计算方法、根据利益分配原则确定需要执行的激励费率，以及根据系统成本和风险损失确定当用户没有遵守合同规定而需要采取的惩罚措施等。

2. 电力需求侧响应的实施过程

电力需求响应的主要实施过程，是电网公司和用户双方事先经过协议沟通并签订相应的响应合同。合同内容包括用户愿意进行的需求响应方式、响应办法。负荷种类、相关操作流程、注意事项以及补偿办法等。电网公司根据电网运营情况，确定需求响应的时间和方式等需求响应事件的相关属性和参数，并将此需求响应事件通过服务器通知给电网侧的能量管理系统或智能代理，进而由能量管理系统下发信号给用户，用户接到信号后根据自己的实际用电需要和事件相关属性，参数的匹配情况做出响应判断并将判断结果反馈给电网侧能量管理系统，并由电网侧能量管理系统反馈给服务器，再由服务器反馈给电网；或者是服务器通过集中终端或网关将需求响应事件通知用户，用户接到通知后，根据自己的用电需要做出响应判断，并将判断结果通过集中终端反馈给服务器，再由服务器反馈给电网。需求响应完成后，服务器对用户的响应情况进行效果评估，以确认需求响应的最终效果（可以基于百分制表示），电网根据需求响应效果确定尖峰时段附近的电网运营情况，调整给服务器发送的电能信息，并根据合同对合法有效参与用户进行相应的补偿。

为了获得一定程度的电力负荷削减，运营商必须通过建模从历史数据中获得需求响应弹性系数的大小和概率分布，并利用先进的数据分析技术（大数据等）制定合适的价格或激励机制，大概率实现负荷的转移或削减。

4.6.5　电力需求侧管理实施主体

电网企业是电力需求侧管理的实施主体和主战场。国家发改委、国家电监会在 2004 年 5 月联合发布的《加强电力需求侧管理工作的指导意见》中明确指出，"电网经营企业是实施电力需求侧管理工作的主体"。电网企业是进行需求侧管理过程中链接各参与方的重要环节。在政府政策和资金的支持下，电网企业可自行开展并引导目标用户实施电力需求侧管理，同时采用市场工具和激励手段（电价、奖惩措施、税收优惠等）鼓励用户节约用电、有序用电。因电网企业与用户之间的紧密关系，使其在政策和制度的实施过程中有着先天的优势。同时，电网企业又可以与节能服务公司进行战略合作，建立统一的操作平台，实现技术和数据共享，使节能项目更专业化、智能化和绿色化，更好地推广和实施需求侧管理项目。

节能服务公司（ESCO）是以盈利为目的，通过提供一揽子专业化节能技术服务来提高客户用能效率的专业化公司[173]，它通过大数据分类技术寻找愿意进行节能改造的用户，并根据其用能特性与之签订服务合同，为用户的节能项目吸引投资和融资，向用户提供能源效率审计服务，实现项目设计、施工、监测、管理等一条龙服务，并在项目完成后，合理分享节能效益。在需求侧管理项目的落实和推广过程中，节能服务公司与电网企业之间往往会进行战略合作，使需求侧管理项目的设计更专业化，也符合电力市场化的趋势。

电力用户是电力需求侧管理的直接参与者[174]。不同类型的电力用户在项目的推动下要增强节能和环保意识，详细制订节电规划，积极采用高效节电技术和产品，优化自身用电方式，提高总体用能效率，减少不必要的电力消耗，并作为执行对象配合落实各项负荷管理措施。

服务机构方面，随着电力需求侧管理项目的发展，相关服务机构也应运而生，这些服务机构也称为节能服务公司（Energy Management Company，简称 EMC）。在电力需求侧管理发展初期，节能服务公司主要由政府、电力公司、大型设计咨询企业以及其他有实力的企业组建，其运营模式与合同能源管理机制密切相关。

4.6.6　虚拟电厂

虚拟电厂运营商通过电力批发市场或双边合同向电网运营商出售电力，自动选取用户来响应电网的能量需求，并将电力生产需求告知用户。用户在接到响应后，向电网供应电能，电网运营商对入网的电能向虚拟电厂运营商支付费用，而虚拟电厂运营商再向用户支付费用。

可以看出，虚拟电厂是需求侧管理重要的实施主体和实施媒介，大规模虚拟电厂的统一调度可以极大地减少电力需求侧管理实现过程的复杂度，降低管理成本，同时屏蔽底层的实现细节，方便能源调度和使用，保障电力需求侧管理和需求响应顺利实现。

由于分布式发电具有容量小以及间断性和随机性的特点，仅靠它们自身直接加入电力市场运营并不可行。通过对本地发电能源的有效整合、集成和高效协同利用，相比其他电力需求侧管理技术，虚拟电厂能够带来更加可观的经济效益，使配用电管理更趋于合理有序，系统运行的稳定性得到极大的提高。

4.6.7　电力物联网在本场景中的作用

需求侧管理和虚拟电厂本质上都是能源调度和管理工作，需要采集相关的底层信息，并借助机器与人和机器与机器间的有效通信，保障调度的即时有效完成。对于这两种通信需求，电力物联网都是可靠的选择。通过先进的物理设备数据采集及设备间通信技术，系统能够即时精确了解所需调度设备的生产或运行情况，制定合理的能量管理和转移策略，并能根据所获得的网络态势感知信息，进行即时调度和调整，通过需求侧管理保证能源互联网的稳定性和有效性。

本场景下，电力物联网需要采集的信息包括用户负荷预测信息、可控用户设备负荷状态信息、需求侧管理系统运行和相关设备状态信息、电动汽车充放电信息、电动汽车储能状态信息、储能设备信息、可变电价信息等。信息传输可以通过核心网有线通信和接入网无线通信相结合的方式传输到需求侧管理平台。信息处理主要通过大数据和云平台，以及边缘计算设备实现。电力物联网控制目标为确保电力需求侧管理的"削峰填谷"目标，保证虚拟电厂的运行性能。

4.7　数据资产与运营

能源互联网运行和管理过程中积累了大量的历史数据，隐藏了巨大的价值，需要通过智能化的运营和服务，基于数据挖掘技术，将这些价值体现出来。

参考国家电网有限公司相关资料，能源互联网的数据资产运营分为内部数据应用和外部数据服务两个方面。能源互联网资产和运营结构框图如图 4-11 所示。

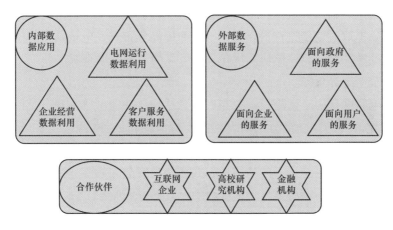

图 4-11　能源互联网资产和运营结构框图

4.7.1　内部数据应用

内部数据应用包括电网运行数据应用、企业经营数据应用和客户服务数据应用。

1．电网运行数据应用

此方面需要利用已采集或已存储的数据，实现对电网运行状态的监控和预测，如新能源发电预测、全网态势感知和设备状态告警/预警等。

（1）新能源发电量预测。

能源互联网的一个重要特征就是分布式可再生新能源发电的使用，如光伏和风力发电等。此类发电设施受外部环境的影响，具有一定的波动性，而电力系统是一个紧耦合系统，即发电与用电需要精确同步，由此导致新能源发电的接入会对系统的管理和稳定性带来不利影响。因此，对新能源发电量的预测具有重要的应用价值。

虽然分布式新能源发电具有一定的波动性，但其中也存在一定的规律。每种特定的新能源发电高峰出现的时间都具有一定的规律，如光伏发电的高峰出现在中午附近，而风力发电在夜间可能达到最大。同时，由于特定区域的气象会呈现一定的周期性，由此导致分布式新能源发电量具有相应的准周期特性。通过对准周期特性的提取和利用，可以实现对新能源发电量的有效估计。

虽然对于某个地区的新能源发电，外部因素的影响多且复杂，但始终存在一个潜在的关系。利用大数据技术的关联分析、自适应聚类、自适应分类和深度学习可以有效提取或模仿这种潜在关系，从而提高分布式发电量预测的精度，给能源互联网的源—网—荷—储协同优化带来可靠的发电数据来源。

（2）全网态势感知。

能源互联网是一个大规模、分布广泛、结构复杂的系统，现有监控设备和系统只能监控电网的某一部分网络设施的运行情况和设备状态。这在全网拓扑复杂、网间能量传输剧烈且频繁、可扩展故障发生等情况下，会导致较低的运行性能，会极大地影响系统运行的稳定性，并可能出现全网崩溃。由此，全网态势感知成为能源互联网一项必要且价值巨大的大数据应用业务。

全网态势感知利用部署在全网、监控全网所有重要设备和设施的传感器监控系统，实现对全网24h的连续监控，并利用先进、高效的大数据分析技术，得到对全网整体运行状态的精确判断，从而做出正确、及时的控制策略，保证系统正常运行。

能源互联网的态势感知需要使用人工智能技术，通过对网络运行状态的建模和训练得到影响系统运行性能的关键性参数，并结合专家系统、模糊数学、神经网络、遗传算法、增强学习、云计算、边缘计算等数学工具，获得正确的网络控制策略，并基于多代理系统、自动远程控制，将系统性能控制在稳定、高效、鲁棒运行的状态区间内。由于态势感知特征量的巨大和推理算法的高度复杂，有必要结合大数据分析技术，实现云平台数据共享。

（3）设备状态告警 / 预警。

能源互联网是一个超大规模、高度复杂的信息物理系统。受外部环境的影响以及设备材料自身的限制，设备具有一定的故障概率。故障的发生往往会给系统带来不可预测、难以估计的影响，并且故障范围有可能随时间的推移不断扩大，甚至影响系统的正常运行。

基于以上因素，设备状态预警所能带来的经济效益远大于非预警策略，而结合故障发生后的及时告警则可避免故障扩大的危险，大大降低故障损失，降低企业的运行成本，保证一定的电力质量，提升网络整体运行效率。

设备状态告警 / 预警所能使用的技术包括专家系统、神经网络、超实时仿真、关联算法、高效的分类 / 聚类算法，由于所需处理的数据量巨大，大数据和云平台是其必要的支撑。

2．企业经营数据应用

本部分应用包含售电量预测、物资库存分析。

（1）售电量预测。

为了保证能源互联网的正常交易，保护售电方的经济利益，对售电量的预测必不可少。通过售电量预测，可以辅助公司做出短期、中期和长期规划，通过调整交易电价和针对特殊客户提供用电套餐服务，可以维持持久性电力交易获利，并在实时交易博弈中占据主动，降低相关交易成本，保证能源互联网参与方的长远利润。

售电量预测的维度可以按时间和地域规模区分。如年度售电量预测、季度售电量预测、日前售电量预测、实时售电量预测。时间越短，理论上预测精度越高，但更容易受交易量随机波动的影响。对于区域性售电量预测，可以根据售电公司和电力服务公司的业务覆盖范围自适应确定。但小规模的售电商也需一定的大规模售电量预测信息，以指导相关业务的开展。

售电量预测所使用的算法和技术包括：自回归滑动平均数据序列预测（ARMA）、灰色理论、决策树和大规模神经网络等。

（2）物资库存分析。

能源互联网的运行离不开对相关物资的管理和使用。在系统运行中，需要保证相关物资的及时供给，避免出现供给不匹配或出现质量问题。同时，需要根据物资库存情况，不断地补充或更新可能出现短缺的物资，保障工厂不间断生产。

物资库存涉及物资的种类、数量、出厂日期、保质日期、标号等信息的存储、管理、检索和调用，并保证实际物资和登记信息的一致性，结合一定的物理安全措施，避免偷盗、损坏的发生。

物资库存分析所使用的技术除了相关的信息通信技术之外，还包括射频识别（RFID）、人工智能、视频图像处理等相关技术。

3．客户服务数据应用

本部分应用包括客户用电优化、客户全景画像等内容。

（1）客户用电优化。

随着电力用户用电规模的不断扩大、能源价格不断上升和能源边际生产成本急剧增加，对用户用电的平稳性和经济性要求不断提高。希望通过对客户的用电优化，保证电力供需平衡，降低用户的用电成本，减轻发电企业的发电压力，通过加强绿色用电避免出现能源危机。

客户用电优化大致可分为两种：一种是电力提供商基于电力需求侧管理和电力需求响应技术引导或刺激用户实现用电优化；另一种是客户自身（或能效服务公司）通过智能电能表实现用电优化。目前的普遍用电优化技术是通过设定成本、经济性、鲁棒性或用户满意度目标，提出其具体约束条件，并通过遍历求解得到最优的能量控制策略，在实现电力"削峰填谷"的同时，给用户带来一定的经济利益。

客户用电优化所使用的技术包括凸函数求解理论、对偶理论并结合神经网络、遗传算法等技术，在时延范围内寻找到本时间段内最佳的用电行为。

（2）客户全景画像。

为了实现深度的利润挖掘，保证公司的可持续发展，能源互联网运营商将盈利点从单纯售电转向了提供售电服务。为了保证服务的可靠性和高效性，有必要根据用电特性对客户进行有效的分类。客户全景画像因此成为一项必要且极具经济价值的业务。

客户全景画像需要全面总结客户在最近一段时间内的用电特性，或发现可能的用电行为转换，结合客户的年龄、经济收入、家庭组成、社会地位等信息，对客户进行准确的分类，确定其消费热点，从而制定可行的分类客户用能决策和服务提供，在提高能源利用效率、减少用户不必要用能的同时，也给相关企业带来一定的效益。

客户全景画像所需使用到的技术包括：物理建模、模式识别、关联、分类、聚类等技术。由于可用的历史数据巨大，大数据技术在此项上极具应用潜力。

4.7.2　外部数据服务

外部数据服务可分为面向政府的服务、面向企业的服务和面向用户的服务。

1. 面向政府的服务

相关服务包括宏观经济分析和节能减排优化。通过向政府部门提供本地区各行业、各单位当年的耗能数据和曲线,以及历史耗能曲线对比,政府可以精确有效估计本地区的经济发展情况和企业景气程度,为总结本地经济发展的优势和不足提供直接判定依据,并对未来经济发展趋势做出快速有效的判断和预估;从而制定相关宏观经济政策,在保证优势企业可持续发展的同时,补足短板,找到新的经济增长点,为劣势企业和新兴企业提供资金和政策帮助,从整体上保证地区经济的健康、平稳和可持续发展。

同时,政府部门可以根据能源公司提供的本地用能情况、能耗发展趋势、二氧化碳排放量和不同类型能源使用情况,判断当年节能减排目标和经济转型的实现程度,并为来年进一步制定相关的环保政策,优化不同类型能源的用能比例,加快绿色能源基础设施和绿色发电基地的建设,以实现减少废气排放,逐步实现绿色生产和绿色消费。

利用各个地区的用能情况,以及用能与产能之间的关联,政府还可以对未来的全国或区域国民生产总值、人均 GDP 等指标进行估计,从而辅助相关社会和民生政策的制定,实现如税收、养老、医疗、宏观经济调控等方面的政策调整和改革,促进社会和谐与人民团结。

2. 面向企业的服务

相关服务包括行业趋势研判和企业用能优化。通过向企业提供企业自身的用能数据、历史用能数据和同行业的平均用能数据,企业可以基于相关模型计算自身的用能效率,并进一步对企业能效提升潜力进行估计。根据潜在的用能效率不足和现有用能短板寻找能效提升途径并制定相关策略,借助能源服务方的综合能源优化、多能互补等服务提升自身的用能效率;同时加大本地分布式新能源的建设,实现能源自给自足,在降低用能成本的同时,增强企业的竞争力。

同样的,通过企业相关用能数据、二氧化碳排放量及不同能源的使用比例,企业可以制定绿色、环保的用能政策,通过提升光伏、风能等新能源的利用程度,降低碳排放,减少大气污染,获得政府的奖励和政策支持,并可以通过碳交易和实时电价交易获利,为国家的低碳绿色发展和经济转型目标贡献自己的力量。

3．面向用户的服务

相关服务包括优质服务提升和家庭用能优化。

（1）优质服务提升。

用户对用能服务质量愈加重视，好的服务质量可以留住顾客，从而保障能量提供企业的长远经济利益。同时，优质服务也能提升能源使用效率，降低服务成本。

面向能源的优质服务提供需要考虑的指标包括：服务及时性、服务可靠性、服务能效等级、服务用能环保性、服务用能整体经济利益情况等。通过对以上指标的分析，结合先进的能源使用技术和设备，实现优质服务提升。

优质服务提升需要收集广泛的服务使用和评价数据，基于大数据等数学分析工具，完成服务策略的升级和更新。

（2）家庭用能优化。

家庭用能优化是能源互联网外部数据服务的重要组成部分。通过家庭用能优化能提升本区域的总体用能效率，节约每个用户的用能成本，保证用电网络的供需平衡，提高系统的整体平稳性和鲁棒性。

家庭用能优化需要收集的信息包括实时用电价格、用户的用能特点（总用电量和每天的用电曲线）、节假日活动以及本地区的气象信息等。通过这些信息，制定合理的家庭用电策略，实现优化用能。

家庭用能优化需要采用的技术包括建模、仿真和智能性分析算法。可以通过大数据技术有效的利用家庭历史用电数据。

4.7.3 合作伙伴

合作伙伴包括互联网企业、高校研究机构和金融机构。

与互联网企业合作有利于进行大数据方面的数据存储、管理和处理。通过互联网平台实现相关电力数据的分析、决策和共享，借鉴互联网的技术和应用模式实现电力大数据的智能应用，充分挖掘数据的潜在价值，并辅助实现其他互联网应用，如智能家居、智能物流、智能城市等。

与高校研究机构合作，有利于发挥高校的理论优势和技术积累。从高校引入先进的研究成果，特别是大数据和人工智能相关的技术，实现对企业数据资产的深入挖掘，为企业服务提供依据，产生新的经济增长点。

与金融机构合作，可以充分发挥机构的资金筹集优势，为能源互联网的整个产业链提供稳定、可靠的资金支持，解决因发电量波动和供应变化引起的资金短缺等问题，使能源互联网运营商可以更加专注于自身的业务领域，不必为资金问题操心和发愁。

4.7.4　电力物联网在本场景中的作用

数据资产和运营需要进行数字化标识、采集、传递、处理、存储与应用，每一个阶段均与电力物联网信息通信技术[175-178]密切相关。在数字化标识阶段，可以通过射频识别实现自动配置与登记。数字化传递阶段，可以利用物联网所使用的各级有线、无线网络保证数据的即时传输。处理阶段，可以利用物联网的边缘计算与云计算进行数据的转换、提取和融合。在存储阶段，可以利用物联网自带的数据库，进行数据的有效存储和检索。在数据应用阶段，可以利用大数据技术，在物联网高层处理平台上提取有效的信息、知识和策略。从以上分析可知，电力物联网能够对能源互联网的数据资产和运营提供有效的支撑和极大的帮助。

本场景下，电力物联网需要采集的信息包括各类数据资产信息、用户设备信息、系统设备配置信息、系统设备管理信息、系统设备运行状态信息、外部市场信息、融资环境监控信息等。信息传输主要通过光纤通信的方式传输到数据资产管理平台。信息处理主要通过大数据和云平台，以及边缘计算设备实现资产信息的增值。电力物联网控制目标为保证数据资产的全面性、系统性和可靠性，保障自动化运营。

4.8　能源互联网金融

4.8.1　融资模式

能源互联网商业模式的发展以融资模式为基础，因此有必要对能源互联网融资模式进行研究。

根据《能源互联网与能源系统》一书介绍[179]，能源行业和金融行业具有很好的融合性。能源互联网金融是在能源互联网产业生态模式下，金融业对能源业的介入、渗透、融合而产生的新型能源金融体系。能源互联网金融结构如

图 4-12 所示。相对于传统能源生产模式下的能源金融，能源互联网金融体系的交融性更强，融资渠道更丰富，金融产品更稳定。

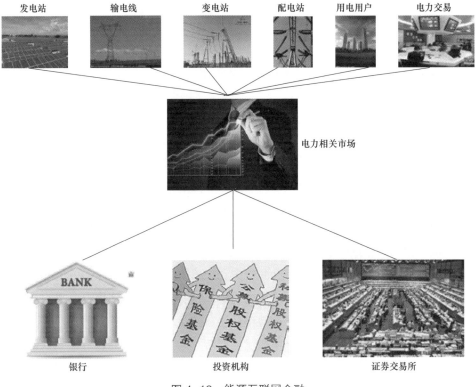

图 4-12　能源互联网金融

书中提到，新能源设备作为资产，技术含量高，设备投资大，具有较高资产估价和融资能力。能源产业的资金流具有稳定、持续、收益时间长的特点，可再生能源无燃料消耗、无排放、运行成本低廉，更是取之不尽、用之不竭的财富，具有优质的稳定现金流。新能源设备、新能源项目、能源微网设备及资金流，都是能源互联网融资方在资本市场上融资能力的构成依据。新能源技术和设备开发、新能源项目建设、能源微网建设、能源互联网建设，所需资金强度高、数额大、回报期长、收益稳定，对金融业的要求很高，资金和金融产品依托能源行业一般都有良好的收益。

目前的能源融资具有多样性，已有的成熟模式主要包括 P2P 网络借贷、能源股票、能源债券、能源基金及能源信托、能源保险等方面。

在成熟模式下，能源主动融资包括能源企业上市、能源企业发行债券、吸引海外投资三种方式，同时可参加发展中国家的温室气体减排项目。以光伏行业为例，相关项目融资包括企业资产或信誉担保、光伏资产抵押、现金流出售、光伏电站资产证券化等。

成熟模式的能源间接融资主要是通过政策引导金融支持能源产业，如建立政策性能源金融机构、引导创投资本进入能源领域投资、开放民间资本投资能源等。

目前融资的创新模式主要包括能源基金和能源期货等方式，具体运行还需一定的政府指导和市场规范。

4.8.2 创新融资模式

能源互联网生态具有很强的金融产品创新能力。全覆盖、智能化的信息系统和高透明、易预期的投资收益核算为产品创新提供了安全保障，全民化、扁平式、分散化的能源微网建设模式也为能源金融产品提供了广阔市场。除了开发多种类的贷款业务品种，以及为能源企业提供财务顾问、发债承销、担保、项目融资方案设计等传统中间业务，相对于传统能源金融的金融产品主要是能源基金和能源期货，能源期货可进一步衍生出能源期权。

1. 能源基金

设立能源基金可以满足提高能源产业资金集中度的需求，是能源产业结构调整和能源可持续发展的主要资金来源之一。能源基金使战略投资者成为能源企业的股东，在帮助能源企业建立现代治理结构方面发挥一定作用。能源基金按照发起主体划分，有政府政策性基金、产业投资基金等。

新能源和清洁能源作为国家新兴战略性产业，在获得政府引导、设立政策性产业基金方面有明确的政策支撑。根据《可再生能源发展基金征收使用管理暂行办法》，从 2012 年 1 月 1 日起，每一千瓦时电网供电费里将有 8 厘钱被征收用于发展可再生能源，2012 年全国估计达 340 亿元，到 2020 年将达到 5000 亿元以上。

2. 能源期货

能源期货是指以特定价格签订提前买卖合同，在将来某一特定时间开始交割，并在规定时间段内交割完毕的能源商品合约。能源期货交易，是指能源期货合约的买卖。能源期货合约，是在能源远期交易基础上发展起来的高度标准化的远期合约。

期货合约取得成功的最直接和显著的标志就是实现保持稳定且数量较高的交易量[180]，而支持交易量保持该状态的则是各类市场参与者，其身份主要是套期保值者和机构投资者，它们持有的合约头寸占总量的比率在一定程度上能决定一份期货合约的命运。在能源互联网产业生态模式下，能量直接生产者和直接消费者也可以是能源期货交易的参与者，这就提高了稳定交易量的占比，削减了不正当的投机行为。

4.8.3　能源互联网交易机制

能源互联网商业模式处于由集中向分散转变并最终实现融合的过程中，其交易机制将具有以下 7 方面特点[181]。

1. 交易主体多元化

交易门槛降低，交易主体不再是少数相对固定的经政府核准的主体企业。随着能源互联网理论框架和技术研究和试点工作的深入，加之新电改对售电侧的不断放开，能源互联网背景下的市场环境将涌现出更多不同类型和数量的交易主体。除现有市场中如发电企业、电网企业这些少数经核准的主体以外，未来的交易主体和市场构成将更为丰富广泛和多样，各类售电公司、园区、楼宇，甚至个体用户都可能建立自身的网络接口，不同程度地参与能源互联网交易市场。

基于互联网的能源交易，将大量增加网络用户数量。随着能源互联网的推进，将会有越来越多的用户感受到互联网交易的便捷、安全和高效，受相关利益吸引，传统的能源用户将越来越多地参与到互联网交易中。

与传统模式中固定的供求关系不同，能源供应者和消费者交易主体的角色和权责可实现相互转换。在能源互联网交易市场中，供应者和消费者的角色不再是一成不变的。相反，类似于互联网中的信息交互，能源互联网中自由、广泛的能量交互将使得能源供应者和消费者交易主体的角色和权责可以发生相互转换。这将使得市场可以相互协商，自动地实现利益分配的优化，并进一步形成更为高效公平的利益分配格局。

交易的参与和退出可以实现自由选择，市场结构呈现实时动态变化。市场管理部门将制定明确的市场准入与退出机制，在满足相应要求和规定的前提下，交易主体可自由选择参与或退出市场。这将充分发挥市场交易平台的作用，从而使其结构实现更为灵活的动态变化，从而提升资源协调优化配置的效率，同时加强市场的适应性。

2．交易商品多样化

首先是能源的多元化供应，能源交易对象由单一电力商品变为多种能源的协调集成式交易。"横向多元互补"是能源互联网的重要特征之一，是多能互补的重要服务内容。以电力为枢纽，油、气、热等多种能源都将实现广泛互联与多元供应，并最终实现能源的优化利用。

其次，灵活性资源将成为供应和需求过程中的一类重要的商品或服务，如发电侧的调峰、调频资源，用电侧的可调控需求侧资源，集中和分布式储能和电动汽车充放电。基于灵活性资源和服务的市场和交易的平台化发展，将成为能源互联网的重要发展方向之一。

最后，电能逐渐由单一同质化产品变为用户自定制的差异化需求能源。交易模式和市场的不断开放与完善将为用户提供种类丰富的交易商品和服务，这赋予用户更多的自主选择权和话语权。

3．交易决策分散化

集中式的整体优化决策，变为能源微平衡的分散优化，通过相互博弈帕累托最优。传统的能源供应由大电网架统一调度，统一决策，来进行整体性的优化决策。通过先进的互联网技术与分布式发电、储能等技术相结合，基于市场的能源互联网的建立能够实现局部区域的产供销一体化，从而促使区域实现自平衡，并且能够通过自我调节实现帕累托最优。

优化目标由购售价差为代表的经济目标，转变为更加清洁、环保、多样和有针对性的供用能服务提供。传统的能源交易双方都以利润最大化或成本最小化这一经济指标为目标进行交易决策。随着能源互联网的推进，清洁能源的供应比例大量增加，用户对自身用能行为智能化控制水平不断提升，更加注重服务质量和服务水平，同时可以实现能源的综合利用，因此，交易的决策目标也将随之变化。

4．交易信息透明化

信息源由单一交易中心发布变为互联网信息服务提供商基于互联网平台实现相关信息发布。在传统的交易模式中，能源交易信息皆由各交易中心统一发布，且交易信息较为单一，缺少复杂性、综合性信息。能源互联网建立后，交易量将会大幅增加，这将带来数据信息量的大幅提升，在利益的驱动下，必然出现大量的互联网信息服务提供商来为供需双方提供信息服务。

交易信息的充分、透明，将提升市场交易的有效性和安全性。市场化的交易将有效促进交易信息透明度的提升，能够保障交易的有效性和可靠性。

5. 交易时间即时化

由传统固定周期交易变为可以由用户自行发起的即时交易。随着信息通信技术的进步和市场化改革的深入，交易的时间范围也将逐步实现即时化/实时化，满足人们第一时间的能源需求。

由于交易将在更短时间内完成（秒级甚至毫秒级），供需双方的反应速度在交易中占有重要作用（抢单）。随着即时性的提升和交易主体数量的大幅增加，未来能源交易面临的竞争将更加激烈，相关商品和服务的提供速度和质量信誉保证将成为决定交易能否达成的关键因素之一。

6. 交易管理市场化

随着能源互联网的推进和能源系统市场化改革的深入，交易管理的形式、内容和目标也将变得更加市场化，准入核准将变为遵循一定秩序的自由选择进入退出。随着交易量限额管制的逐步放开，将最终实现由供需双方自主决策。同时，原有的价格限制管制具有一定的滞后性和被动性，而未来将变为激励相容的倍率引导。

7. 交易约束层次化

互联网交易的灵活多变性与能源传输网络、设施、设备和接口的物理约束的矛盾将不断增加。交易的灵活性必须有先进的信息通信技术作为支撑，交易量的无节制增大和交易的无序性将大大增加能源传输网络的压力甚至超出传输网络的物理承受能力而导致能源传输系统堵塞，最终使得交易无法达成。

4.8.4 能源互联网金融

根据《能源互联网金融的特质及其平台构建》一文 [182]，能源互联网金融系统的主要组成要素为能源、互联网和金融，其中能源包括能源供给和能源需求两个方面。金融方面包含直接融资、间接融资等投资形式，二者以互联网为支撑平台，实现有效的运营与交互。

在该系统中，能源、互联网、金融三个行业相互耦合、相互渗透，通过信息流、资金流和能源流实现有机结合，同时不可避免地受到外界环境影响。能源、互联网、金融运行模式系统如图 4-13 所示。

1．能源与互联网耦合

互联网在能源领域的作用包括：

（1）通过大数据挖掘，进行在线监测、统计、分析与决策。

（2）生产者和消费者行为关联分析与聚类。

2．能源与金融耦合

能源企业的间接融资优势体现在：

（1）通过金融中介机构可筹集到数目可观的自由流动资金。

（2）依托专业的金融中介机构，融资风险系数小，安全性高。

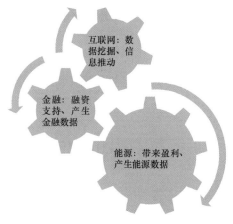

图 4-13　能源、互联网、金融运行模式系统

（3）融资成本低。

（4）有助于缓解因市场信息不对称引起的相关经济问题，如道德风险和逆向选择等。

能源企业的直接融资优势体现在：

（1）能源企业可从供给方直接获取资金。

（2）直接融资具有不可逆性。

（3）直接融资的投资收益较大，有利于吸引投资者。

（4）能源企业具有自主选择权，可灵活选择融资对象和投资数量。

3．金融与互联网耦合

互联网在金融业的功能为：

（1）充分利用互联网信息基础设施，搭建高性能市场平台，满足高频交易需求。

（2）建立风险监管与评估机制，可以实现对市场的有效监测、分析和前景预测。

（3）有利于创新金融产品和交易工具。

4．能源互联网金融平台的构建

能源互联网金融平台的建设主体包括政府部门、金融机构、普通投资者、能源企业和第三方服务机构等，它们相互支持、相互监督、相互博弈，在通信和数据共享的基础上实现能源互联网金融平台的构建。

4.8.5 电力物联网在本场景中的作用

为了满足能源互联网的长短期用电交易需求和相关金融业务的实现[183, 184]，需要对整个区域发电系统的长期生产能力、网络运行状态和分布式能源发电相关的长期气象信息、电力系统的长期服务质量预期、所能开展的新业务相关信息进行有效的判断和预测，形成长期有效的管理策略和制定实际可靠的电力生产计划，从而在市场交易时实现供需匹配、服务匹配，减少交易成本并实现利润最大化。这些信息和策略的获得均以电网的底层相关信息为基础，需要利用电力物联网实现相关基础信息的采集、分析和处理，保障长期有效的策略参考信息来源，保证有效的能源互联网金融。

本场景下，电力物联网需要采集的信息包括各类金融相关信息（包括市场交易信息、周边经济环境信息、相关政策信息等）、与之关联的电力系统状态信息、发电量预测信息、用电量预测信息、长期电能质量估计信息等。信息传输主要通过光纤通信的方式发送到能源互联网金融平台。信息处理主要通过集中式大数据和云平台实现相关金融服务功能。电力物联网控制目标为提升能源互联网金融运行效率，保护相关投资者的利益。

4.9 电力市场与商业化运营

4.9.1 能源互联网商业模式特点

能源互联网商业模式主要特点为：

（1）能源营销电商化：即以电商为主要形式实现能源营销。

（2）能源交易金融化：努力基于现有的先进金融运营模式实现能源交易。

（3）能源投资市场化：以市场为交易平台，方便实现公开、快捷的能源投资。

（4）能源融资网络化：以互联网等现有通信网络为软硬件基础实现能源融资。

（5）B2C、B2B、O2O、C2C模式并存，如图4-14所示。

B2C：能源供应商直接把商品卖给终端用户。

B2B：进行能源交易的供需方都是商家。

O2O：将线下的商务机会与互联网结合，让互联网成为线下交易的平台。

C2C：用户在网上出售能源，是个人与个人之间的电子商务。

根据以上商业模式特点，分布式能源交易将成为未来能源互联网电力市场建立和商业化运营的典型方式。

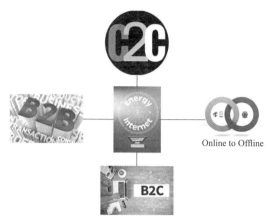

图 4-14　能源互联网商业模式

4.9.2　具体运营模式

1．运营主导模式

能源行业的特殊地位，决定了能源互联网运营的商业模式是：能源主干网运营在相当长时间内由政府参与或授权主导，能源微网运营可以选择由社会资本主导。

在能源互联网建设初始阶段，完全自发的能源生态环境无法满足能源安全和能源自给的需求，由政府主导的能源开发依然会在相当长的时间内占据整个能源生态的主体地位。但随着新能源地位和规模的逐渐提高，最终将实现开放性、安全性并存的能源生态系统。全新的能源生态系统中，消费者和社会资本将积极参与能源生态系统建设。但无论何时，能源互联网作为国家能源安全的支撑，其核心网络应当由政府机构主导，社会各方参与运营。

无数个区域能源微网通过骨干网连接而共同组成能源互联网。这些区域能源微网具备分散化、多元化、小规模、互补性等特点，其整体运营由一般社会力量进行更为合适。能源微网全新的运营方式需要各方共同努力摸索。

2．能量各方的商业模式

能量的供应和消费具有即时性，能量的输送又以集中式、短距离最为经济、节约。这就决定了将能量的生产、输配、服务等围绕消费者需求，打造功能标准化、模块集成化的从业方模式，是最为高效率的商业模式。

能量生产方，是多元的卖方群体，既有进行规模化生产的大卖家，也有进行分布式生产的分散小卖家。他们必须争取其生产的能量在质量上满足消费需求，在区域和时段范围内有充分消纳能力的买家，在供需规模上匹配，在生产上有合理的利润空间，在输配上不断降低成本，按照市场规则调整其能量供给的质量、方式、规模，实现利润的最大化。

能量输配方，是集中式经营的中间商，或称渠道运营商。生产者的能量产品需要根据业务交易平台上的成交指令，通过输配方运营的电力网、油气网、热力网等售卖给消费者，输配方因其对渠道的运营收取一定的"过路费"。由于输配对管网的天然依赖，其运营主体通常在一定区域范围内具有唯一性。这样的能量输配方可以是被授权的企业组织或者政府委托的公共服务主体。为防止漫天要价和僵化低效，必须制定固定的利润率并保证成本核算和运营过程的透明公开，其驱动力在利润最大化之外。

能量服务方，是分散的、多元的、进行咨询、评估、设计等独立服务的第三方。他们的服务在严格的准入制度和规范体系下进行，所提供的服务有很强的针对性、专业性，对利润最大化的追逐将通过提高专业水平、依靠先进技术和标准系统支撑、遵循市场规则、扩大服务范围、挖掘服务深度、提高服务效率等实现。

能量消费者，是分散的、多元的买方群体，既有规模化的能耗大户，也有分布式耗能的商业、居民客户，未来还可能存在能源区域零售商等间接用户。和所有消费者一样，能量消费也无须关注生产和经营过程。还原能源的商品属性，本质上是消费者对过程、价格、服务、供给、使用进行最终的评估。能量在消费交易中实现了价值。

3．对相关行业商业模式的影响

能源互联网以开放的姿态融入更多行业，将革新整个能源产业模式。这也是整个生态系统生机勃勃的根基。能源互联网对相关行业商业模式的变革，是保持其良好内生机制的必要条件。能源互联网的发展，将引起设备制造、能源生产、金融保险、地产建设、信息科技等相关行业的运营模式产生巨大的变革。

（1）设备供应行业的影响。传统的设备供应行业商业模式是简单的"制造—销售"模式，此模式无法适应能源互联网的新模式发展。能源互联网的发展趋势，要求设备供应商更多地参与能源互联网的研究开发环节，与能源生产商或者能源投资商更紧密合作，为能源互联网的健康发展提供支持。

（2）能源生产行业的影响。传统能源生产商业模式为"建厂（站）—生产—销售"。能源互联网体系中，能源生产行业不仅承担传统能源生产商的角色，更要承担能源互联网能源生产端的集成商角色，为各种中小型、微型能源网络提供集成服务，要提高自身综合素质和竞争力，达到系统的准入条件。

（3）金融保险行业的影响。能源互联网的建设需要巨量的资本投入。金融、保险行业大量资本投入，则会减轻整个生态系统初期的建设压力。同时，可再生清洁能源未来优秀的经济效益，可以给资本带来大量收益。能源生态系统勾勒出未来社会的能源形态，能源具有稳定收益期货商品的特征。能源的期货交易，是在能源远期交易基础上发展起来的高度标准化的远期合约，未来必然成为一种全新的商业模式。

（4）房地产行业的影响。能源微网以供给自身为第一目标，以分布式能源为基本架构。未来的房地产行业，从设计建筑之初即需要考虑能源微网的建设，高效地利用可再生能源保证自身能源供给，为应对突发的能源危机提供了一层保障。

（5）信息科技行业的影响。能源生态系统对信息科技具有本质的强烈要求，必然将催生出新的技术、理念，传统的信息科技将得到革新。信息技术的革新伴随着创新与应用的互相促进。

4.9.3　分布式能源交易

目前的普遍观点认为，能源互联网具有解决分布式可再生能源接入的先天优势，像互联网中信息的产生和共享一样，能源互联网中的分布式能源的生产也具有天然的分布式属性，能源的生产者和消费者采用基于市场机制的对等交易方式，在充分融合了电网的物理特征和信息模型的交易平台上自由匹配买卖双方，达到社会福利最大化的目标。

分布式能源交易机制的设计原则如下：

（1）通过市场机制，引导分布式可再生能源的就地消纳和就地平衡。

（2）引导分布式可再生发电采取有效措施（如增加储能设备、提高可再生能源的预测水平），提高其可预测性、可控性等。

（3）引导电力用户采取有效措施，如增加储能设备、改善工艺流程（包括合理调配生产计划）、提高与当地可再生能源发电的协调性、提高需求响应能力、提高其可预测性、可控性等。

（4）在局域能源互联网范围内供需双方电力和电量的不平衡，仍由电网公司担任保底供方。有关的价格机制在初期由政府根据地区的平均成本核定，在电力市场交易顺利开展后，可由相关的省级市场交易发现价格，并将价格信息透明传递给交易平台。

4.9.4 电力物联网在本场景中的作用

为了建立电力市场和商业化运营，需要对区域内可再生能源发电量、所能控制的设备或系统用能、电动汽车储能情况、实时或长期充电需求、可通过调度节省的用电量，以及系统现有的分布式储能容量进行精确的判断、预测和估计，以保证市场正常的电力交易，满足不同用户的多样用能需求，这些信息的获得离不开电力物联网对相关信息的采集、传递和分析应用。

本场景下，电力物联网需要采集的信息包括：分布式能源市场交易信息、本地发电量预测信息、客户用电量预测信息、本地发电系统状态信息、分布式发电地理位置信息、能源成本信息、实时电力价格信息等。信息传输主要通过光纤通信的方式传递到市场和交易平台。信息处理主要通过集中式大数据和云平台实现相关市场建设和商业化运营功能。电力物联网控制目标为建立分布式的电力市场，确保商业化运营的高效性和安全性。

4.10　能源互联网业态与生态

4.10.1　未来典型的能源互联网应用

典型的能源互联网应用包括以下几个主要板块：家庭能源互联网层面（智能设施、电动汽车等），社区能源互联网层面（智能建筑、微网等），区域能源互联网层面（配电网、分布式发电、电力需求侧管理等）。在各个层面的能量管理之上，还需要反映能源供需关系动态调配的电力交易。举例说明如下。

虚拟电厂作为电力需求侧管理的一种新的业态将大规模涌现。从微观角度来说，虚拟电厂可认为是通过先进信息通信技术和软件系统[185]，在区域微电网中实现分布式发电、储能系统、可控负荷、电动汽车等相关资源的聚合和协调优化，可以作为一个特殊电厂参与电力市场和电网运行的电源协调管理系统。从宏观角度来说，虚拟电厂在电力系统和市场中可以充当类似于传统电厂的角色。

交易是互联网不可缺少的要素[186]，也是能源互联网发挥节能低碳效应的引擎。能源交易电子商务平台将为能源互联网各参与方提供开放共享的交易环境，以支撑各种能源交易相关服务，支持能源交易、碳交易等多种交易类型，在互联网模式下，传统的购售方式将被逐渐改变。新型购售方式将建立以电费为基础的电子商务平台，驱动能源、金融和服务的全方位有效融合，从而实现电网服务方式和营销模式乃至经营战略的转变。

4.10.2　互联网化的能源应用特征

互联网化的能源应用特征包括以下几个方面[187]：

（1）信息透明：打破信息的不对称性格局。除用户隐私信息外，竭尽所能透明一切信息。

（2）开放共享：能源互联网各参与方在开放共享的环境下可以进行多种类型的交易，通过公平博弈决定交易价格。

（3）平等共赢：各能量单元无论体量大小，都能够无差别参与能量市场、辅助服务市场及碳交易市场。

（4）自适应：互联网的群蜂意志拥有自我调节机制，交易数量的价格和质量自适应于市场的供需状况。

（5）民主化：互联网化的能源更加民主化。能源不再被电力企业所垄断，民众可以通过可再生能源设备发电并通过向电网售电获得盈利。

以上特征实际是把互联网的思维和技术应用到能源电力领域的具体体现。

4.10.3　典型能源互联网模式下的应用场景

典型能源互联网由能源微网和大电网组成。其中，以电力为主能源微网是一个地域范畴，也是能源互联网供电模型中的基本单元。微网中包含有家庭用户、商业用户以及工厂或各类用电机构。总之从用户角度看微网就是一个小的社会范畴。微网的供电由分布式能源和大电网共同支撑，例如以分布式发电为主，以大电网供电为辅。微网内部既有风、光、储、电动汽车等基本分布式能源单元（微网的基本要素），又包含了信息基础设施建设，如光纤通信、移动通信、传感器及数据中心。信息层收集用电信息、发电信息、环境信息并参照历史数据，根据当前用户用电需求，进行供电、调度决策。

三个上述能源微网组成了设计的模型，用以描述微网间能量交换与路由。大电网与三个微网分别联通，也可以保障微网用电。当微网内部的分布式能源发电不满足微网的用电需求时，则该微网的供电有可能考虑由其他两个微网提供。这也可能由大电网提供。这完全取决于本地的策略。而这样的运行机制，恰恰体现出开放对等的能源互联网本质特征：没有主辅关系，而是灵活的开放互联。

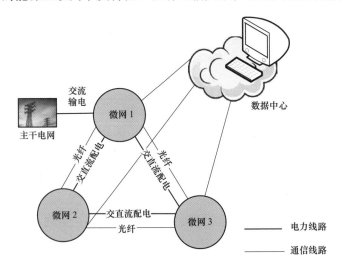

图 4-15　能源微网互联示意图

如图 4-15 所示，目前情况下典型的能源微网构成要素包括：

1．分布式能源（燃气冷热电三联供）

燃气冷热电三联供系统是以燃气作为一次能源，同时进行发电、制冷和制热。在将发电余热向冷和热的转换过程中，使用了溴化锂制冷、制热技术，通过以热定电或以电定热技术，同时满足用户的用电和用热需求，大大地提高了能源使用效率，节约发电成本。相关具体介绍见 4.2 节。

2．微网（风光储等）

风和光作为分布式可再生能源的主力，由于其间歇性，必须辅以储能的支撑。这些在微网的技术研究与发展中得到实践，目前发展很快的包括直流微网等。但微网本身一般很难稳定孤岛运行，而微网并网又受限于目前电网的不够灵活。能源互联网为微网的接入和互联提供了另外的思路。微网的新能源发电和储能目前还存在成本问题，引入能源互联网有利于在更大范围内提高微网实现的经济可行性。

3．智能社区

智能社区离不开需求侧管理和响应，需求响应是指电力用户受不同时期的电力价格和激励措施的影响，出于趋利降费的目的，主动改变其日常用电模式，以期在电力市场的电力价格高涨或者在电力系统的可靠性受到威胁时通过及时响应电网指令、降低用电需求或转移用电时间来获益，并在获益的同时为电网的平稳运行做出贡献。

在需求侧管理和响应的过程中，微网的风、光、储及电动汽车的基本功能与目前研究的微网概念没有本质区别，主要区别在于微网、分布式能源、需求侧响应、大电网间开放对等的信息和能量交换。信息层面，即通过增加的信息层，使得微网本身不再是一个简单的能源供给环节，而变成一个智能的能源补给实体，即多种能源之间有了协调与平衡；此外，更为重要的一点是信息层的存在使得微网不再是一个独立的个体，信息层为微网之间的互通建立了信息通道，使得微网的组网成为可能，也使得能量在微网间流动得以实现。

相对于传统自顶向下的电网发输配变用的模式，在一定区域内的能源互联网承担了分布式能源的灵活接入、动态负荷的局部消纳、与用户互动的需求侧响应等功能。同时，能源互联网很大程度上屏蔽了源和用引入的动态性，一定程度上减小了大电网利用大的冗余度换取安全可靠性的程度，提高了大电网的整体利用效率。诸方面因素协同考虑，可以形成现实意义下具有经济可行性的典型应用场景。

能源民主化迫使电力公司重新考虑它们的商业行为。十年前，德国四大垂直整合发电集团，E·ON、RWE、EnBW 以及 Vattenfall 为德国提供了全部电力。如今，这些公司不再是发电领域的垄断主宰者。近些年，农民、城市居民、中小型企业在全德国范围内建立起各类发电合作社。事实上，所有这些发电合作社都非常成功地从银行得到低息贷款，并在当地安装上太阳能、风能或者其他可再生能源设备。银行同样也很乐意提供这些贷款，它们确信本息是可以收回来的。因为通过上网电价补贴机制，电力合作社用高于市场的奖励价格向电网回售绿色电力得到盈利。今天绝大多数的德国绿色电力都是由小型发电合作社提供的。与之相对，四大发电公司在引领德国进入第三次工业革命的过程中，只提供不到 7% 的绿色电力。

尽管这些传统垂直整合电力公司，在利用传统化石和核能生产廉价电力中被证明是相当成功的，但它们并不能有效地和当地电力合作社竞争。这些电力合作社的横向操作，使其更擅长管理来自成千上万小参与者组成的合作平台的电力使用。互联网的广泛使用伴随了能源从集中式到分布式发电的巨大转变，大型电力和公共事业公司必须接受一个现实：从长远来看，电力公司从传统能源上的盈利规模将比我们现在已经看到的低得多。因此，必须借助互联网来对已经取得的微小利益领域进行再造和放大。

4.10.4 分散式的能源互联网

无论是信息互联网还是能源互联网，最终的使用对象都是人。信息互联网之所以能够得到广泛普及是因为它提供了一个全新的人与人之间进行信息共享、交流与合作的平台，从根本上符合人性本身的需要安全、沟通、分享和获得幸福感。分布式技术的应用使得数以百万计的人能够在信息互联网上分享音乐、视频和博客，更充分地将自身融入整个社会发展之中。分散式合作技术所带来的影响还远远不只这些，它正使社会向合作、互利、共赢关系发展。能源互联网作为一个使用人数更广的网络，更应该关注人的因素，所提供的服务和业务需要充分考虑客户自己发电、自己掌握能量路由器所能产生的安全感、分享能源的幸福感、参与能源合作的社会归属感，打造一个用户体验感优先的服务机制和网络实现形式。

4.10.5 电力物联网在本场景中的作用

能源互联网业态与生态的实现，离不开对电力系统信息、气象信息、电力交易场所位置信息、周边环境信息、人流信息、节假日活动情况等相关信息的收集。在建立电力物联网之前，这些信息收集是垂直、孤立、互不相干、部分人为的。这导致收集效率较低，收集时延较长，收集成本较高且易出错，难以实现跨域共享。而电力物联网的实现，为这些信息的统一收集和有效共享提出了新的途径，大大方便了系统的后续处理和分析，最终保证能源互联网商业模式的顺利实现。

在本场景下，电力物联网需要收集覆盖能源互联网整体网络和系统、全面的各方面信息，内容涉及发、输、变、配、用、调等各个环节，所收集信息涵盖价值层、业务层、信息层、能源层各层，相关信息采集模块包括源、网、荷、储等各个方面。通过以上信息采集，将形成能源互联网业态与生态的整体状态和发展趋势判断，保障其可持续运营和发展。所需的信息传输方式将覆盖各类有效的有线和无线通信技术和网络，着重体现所选网络协议的低成本、低功耗、自适应、鲁棒性等特征。在信息处理时，可以综合利用各类高效计算技术，如云计算、雾计算等，通过技术集成在统一的大平台上联合完成相关运行目标。电力物联网控制目标为建立完整的能源互联网业态与生态，保障能源互联网的良性、可持续发展。

本章小结

本章针对电力物联网在能源互联网中的具体应用场景进行了分析和介绍，应用场景涉及信息通信系统相关的各个方面，如与能源互联网有关的信息物理融合、能源综合优化和相关技术、企业经营管理、用户服务、数据资产、运营、金融、电力市场、业态和生态建设等。

通过以上分析，可以使读者明白电力物联网在能源互联网中的地位和所起的作用，加深对电力物联网和能源互联网的理解，大致了解相关技术的应用范围，拓宽电力物联网的应用前景，保障其在能源互联网的顺利实施。

电力物联网下一步的发展方向为，进一步开发和拓展与能源互联网相关的应用场景，选择各场景更加合适的技术，研究更准确的架构和理念，加深其在能源互联网的应用。

第 5 章　未来与展望

5.1　未来技术发展

5.1.1　增强虚拟现实

增强虚拟现实技术，简称增强现实（Augmented Reality，AR）技术，是一种利用计算机系统产生三维信息来增强用户对现实世界感知的新技术[188]。一般认为，AR 技术的出现源于虚拟现实（Virtual Reality，VR）技术的发展，但二者存在明显的差别。传统 VR 技术追求给予用户一种在虚拟世界中完全沉浸的效果，而 AR 技术则把计算机带入到用户的"世界"中，强调通过交互来增强用户对现实世界的感知。这是沿着"以人为中心"的趋势发展的一大进步。具体而言，AR 技术利用计算机系统产生现实环境中并不存在的虚拟信息，这些虚拟信息可被用户以视觉、听觉、触觉、嗅觉等各种方式感知，成为周围真实环境的组成部分，从而增强用户对现实世界的感知。

AR 的目标是：借助光电显示技术、交互技术、计算机图形技术和可视化技术等，产生现实环境中不存在的虚拟对象，并通过注册技术将虚拟对象准确地"放置"在真实环境中，使用户处于一种融合的环境中，不能区分真实和虚拟，用户所感知到的只是一个真实和虚拟相融合的唯一存在的世界，并能与之交互。因此，一个典型的 AR 系统一般应包含以下几个组成部分：①用户；②真实场景获取模块，根据所采用透视方式的不同，分为视频式和光学式两种；③跟踪注册模块，实时获取用户视点位置和相机位置，并据此来计算虚拟物体从虚拟坐标系到世界坐标系的坐标转换；④虚拟场景生成模块，根据跟踪注册数据和用户的交互活动，在视平面上绘制和渲染虚拟物体；⑤人机交互模块，实时捕获和识别用户的交互活动；⑥虚实融合与显示模块，将虚拟场景与真实场景的视频进行合并处理，并最终显示给用户。

5.1.2　数字孪生（Digital Twins）

数字孪生是指以数字化方式拷贝一个物理对象，模拟对象在现实环境中的行为，对产品、制造过程乃至整个工厂进行虚拟仿真，从而提高制造企业产品研发、制造的生产效率。数字孪生帮助企业在实际投入生产之前即能在虚拟环境中优化、仿真和测试，在生产过程中也可同步优化整个企业流程，最终实现高效的柔性生产、实现快速创新上市，锻造企业持久竞争力。

数字孪生的实现有两个必要条件，即一套集成的软件工具和以三维形式表现。数字孪生已成为制造企业迈向工业 4.0 的解决方案。方案提出者可以支持企业进行涵盖其整个价值链的整合及数字化转型，为从产品设计、生产规划、生产工程、生产实施直至服务的各个环节打造一致的、无缝的数据平台，形成基于模型的虚拟企业和基于自动化技术的现实企业镜像。

数字孪生模型具有模块化、自治性和连接性的特点，可以从测试、开发、工艺及运维等角度，打破现实与虚拟之间的藩篱，实现产品全生命周期内生产、管理、连接的高度数字化及模块化。

5.1.3　智物（Intelligent Things）

智物以人工智能为基础，但又不同于传统的智能产品[189]。智能产品是指可以理解、接受和执行人类指令，并具有一定程度的推理、判断和处理事件的机器人之类。其智能是设计师和工程师赋予的，是人工造物的智能而不是人类所具有的智慧。智物是智能产品的更高层次，是智能化和互联网结合的产物，是在一定程度上具有人类智慧的人造物。虽然有时也将物联网语境中的人造物称为智能产品，但用智物的称谓更能体现物联网特征。另外，智物也可以是单件产品，如传感手机，也可以是由若干产品构成的基础设施，如智慧能源设施、智慧交通设施等。

智物对环境的"感知"主要依靠各类传感器来实现，有些传感器的"感知"能力不能与人类所具有的感觉能力相比，但是有些传感器的感觉功能却是人类所不具备的，如红外线辐射传感器、重力传感器、超声波传感器和电磁场传感器等。红外线辐射传感器接收体温信息，从而可以判断距离的远近；重力传感器可将运动或重力转换为电信号，用于倾斜角、惯性力、冲击及震动等参数的测量。传感器对环境的"感知"只是物品具有"智慧"的一个必要条件，而物品是否有

"脑子"才是"智慧"存在的充要条件。如果说缺少传感器的物品相当于五官不健全的残疾人,那么无"脑子"的物品则无异于植物人。

智物"大脑"功能的实现得益于无处不在的计算(或称普适计算)技术,电子芯片和软件系统的介入使物品具有的"智慧"在一定程度上成为可能。智物"大脑"是硬件(电子芯片)和软件(信息处理)结合的产物,作为感官的传感器将对外界和自身的感知信息,以电信号的形式传递给物品内嵌的"大脑"进行识别、决策和处理。如 iPhone 通过感官(重力传感器)可以感知物品当前所处的方位角度,再通过"大脑"(应用软件和支持软件运行的芯片)根据实际角度变化对显示的数值和指针位置进行动态调整。

5.1.4　未来信息技术

新一代信息技术分为六个方面:下一代通信网络、物联网、三网融合、新型平板显示、高性能集成电路和以云计算为代表的高端软件。新一代信息技术,不只是指信息领域的一些分支技术,如集成电路、计算机、无线通信等的纵向升级,更主要的是指信息技术的整体平台和产业的代际变迁。而物联网、三网融合等都并非单一产业,而是包含多个产业及核心技术在内的产业集群,这意味着其中某项核心技术一旦取得突破,都将牵一发而动全身。

新一代信息技术被确立为七大战略性新兴产业之一,将被重点推进。业内人士认为,新一代信息技术涵盖技术多、应用范围广,与传统行业结合的空间大,在经济发展和产业结构调整中的带动作用将远远超出本行业的范畴。

5.2　未来应用趋势

5.2.1　智能家居与"源—网—储"的实时互动

随着能源互联网发展,智能家庭作为能源使用的末端单元也被纳入能源供需体系内,并且越来越多的智能社区和家庭开始安装分布式能源,并利用微电网技术来进行柔性控制。这使得用户侧自身的产能得到了有效的利用,尤其是太阳能、风能、水能等新能源的利用,能够大大节省不可再生能源的消耗,有效地保障了客户的能源需求。交直流供电技术、能源管理接口技术以及模块化可插拔部件，使得微电网的能源控制更安全、更简单，家庭微电网走向了实用化阶段。借助覆盖更大范围的通信网络，高级量测体系可以获取整个配用电网络中大部分量测数据。而得益于智能家庭传感控制技术及通信技术的发展，高级量测体系可以进一步获取终端用电户的详细用电信息，包括用户内部的设备运行信息、电网故障信息、用电量信息、电能质量信息、储能信息、分布式能源信息、环境信息等，实现了智能电网的"配用电广域情景知晓"，促成了"网络计量"技术的产生和发展，引发了传统计量模式的变革。网络计量技术的应用实现了包括用户户内设备的精确计量。电网与家庭的双向互动可以引导用户主动参与智能电网的建设和管理，为用户提供更好的服务，引导传统的家庭能源消费观念产生重大变革。电能的消费者变成电能生产和消费的结合体；电能的使用由被动变为主动；能源管理从本地转向远程、离线转向在线。

　　无人驾驶汽车是未来智能交通领域的一个重要发展方向，将极大地改善人们出行的方式。未来，随着雷达、GPS 及计算机视觉等技术的成熟，以及道路基础设施的完善，无人驾驶汽车将成为人们日常生活中必不可少的一部分。随着大量无人驾驶汽车的接入，用电负荷会大幅度增长，而且用电负荷的时间不确定性会给电网侧储能系统带来巨大的挑战。在电网规划方面，关于无人驾驶汽车的接入，需要考虑无人驾驶汽车用能负荷的时间和空间分布，权衡电网运行的经济性和安全性。无人驾驶汽车的驾驶行为、充放电行为是根据其本身的情况和行驶道路环境分析而自动发生的。行驶道路环境包括路面交通信息、配电网信息等，配电网信息主要指充电设施的分布情况。通过人工智能技术的灵活运用，可以探知什么时间段、什么地点会处于用能高峰时段。因此，在用能高峰地段多设置充电桩，并且也可以根据实时电价机制来促使人们用电高峰曲线平滑化。无人驾驶汽车的行车路线也可以根据电网储能端的配置灵活制定。

　　另外，无人驾驶汽车自身也是一个储能设备。因此，无人驾驶汽车可以在用能高峰时段将多余的电能输送到电网，并获得利润回报，在用电低峰时段可以增加主动性。这种机制也在可以一定程度上平衡整个电网的用能负荷，交易电价可依据电能质量的好坏来制定。未来能源互联网发展模式是向分布式能源、交互式供能过渡，更加强调对环境的保护和对新能源发电的应用，这对分布式储能设施提出了更高的要求。储能可以解决可再生能源发电的波动性和间歇性等问题。无人驾驶汽车作为既有的分布式移动储能单元，能以充放电的形式参与电网侧的调控，使之在能源系统负荷高峰时放电、低谷时充电，实现电网系统的削峰填谷。同时，无人驾驶汽车也可以参与能源系统的频率调节。

针对电网运行体系各个环节的特殊需求，大容量储能在接入现有电网后，能够满足电网安全稳定运行的要求。一方面，引入储能后可以有效地实现电力需求侧管理，平滑负荷，消除昼夜间峰谷差；另一方面，能够更有效地利用电力设备，降低供电成本，是提高系统运行稳定性、调整频率、补偿负荷波动的一种手段。储能系统可在用电低谷时作为负荷存储电能量，在用电高峰时作为电源释放电能，在一定程度上起到了减小峰谷差、移峰填谷的作用。通过大规模储能技术，能够实现新能源发电功率的平滑输出，有效调控新能源发电所引起的电网电压、频率及相位的变化，降低新能源发电输出电压波动对电网造成的巨大负面影响，从而保障大规模风电及太阳能电力并网的安全性，提高电网对新能源的消纳能力。目前储能系统用于配电网侧或用户端的主要应用方式是，分布式电源和储能的联合运行，或是更高级应用的微网形式。通过分布式电源、储能和用户的协调控制来实现三者的优化运行，能够提高用户用电电能质量，保障大电网短时故障下的可靠供电。分布式储能具有很强的灵活性，能够在应对各类突发事件时作为应急电源，实现按需调配，并且满足危急时刻局部重要地区的用电需求。储能能够使得不可调度的分布式发电系统作为可调度机组运行，从而实现与大电网的并网运行，并在必要时向大电网提供削峰、紧急功率支持等服务。储能的容量越大，系统的调度就越自由化，但须在调度自由化获取的利益与成本之间找到经济平衡点。

5.2.2　面向能源互联网的"云—边—端"协同运行

多接入边缘计算改变了只将云端作为"大脑"，"管道"和"端系统"均没有加入智能的成分。"端"仅仅是辅助"大脑"工作的"智能神经网络"。这样一来，边缘服务在终端设备上运行，反馈更迅速，解决了时延问题，使得一些工业用户场景成为可能。另一方面，多接入边缘计算将内容与计算能力下沉，提供智能化的流量调度，业务实现了本地化，内容尤其是热门内容实现了本地缓存，解决方案的效率得到了显著提升[190-193]。

边缘计算的发展由移动计算驱动，当前物联网中的网络设备数量不断增多，很难满足设备监视和控制所需要的带宽，这为边缘计算提供了实际应用的场景。另外，传感器性能的提升以及计算组件成本的下降，也是边缘计算飞速发展的重要支撑。过去几年，"互联网+"在供需领域中的应用不断增加，随之带动了云计算技术在供需领域中的普及，供需领域中出现了互联网家电云、需求响应安全管理云等一系列云平台。在传统的云计算中，为了提高数据的管理效率和降低数据库的运维成本，各个底层设备需要将采集到的数据上传至云平台，由云平台处理并向用户提供服务。但是，随着云平台接入设备增多以及云平台和用户终端、智能终端信息交互频率的上升，云计算集中式处理的方式无法满足大规模、高频次的数据处理。云计算模型的主要缺点在于：①数据源采集的数据过于冗余，对于特定的服务包含了大量的无用数据，从而导致服务器性能下降；②云计算服务器为所有接入用户提供服务，随着用户数量的不断增加，服务的实时性不能保证；③云计算服务器一旦被攻破，将导致整个网络的瘫痪。

　　边缘计算通过将核心节点的计算任务和功能下发到具有处理能力的边缘侧设备，从而形成边缘计算节点，充分利用边缘侧的处理计算能力，对信息进行初步的处理，甚至完全可以向用户替代原来在云计算服务器运行的服务。对于云平台而言，边缘节点是一个高效的数据采集终端，为云平台过滤冗余的信息，分散了云平台的计算任务，从而提高云平台的服务能力。智能移动终端以及各类传感器等数据采集设备作为数据源向边缘节点提供未处理的数据，边缘节点根据云服务器的要求对数据进行处理和存储，并向云服务器提供经过处理的数据或为用户提供服务。边缘节点的物理位置十分灵活，可以位于数据源和云服务器传输的链路上，数据源首先向边缘节点发送原始数据，边缘节点再将处理过的数据发送至云端；也可以位于数据源中，边缘节点直接从传感器中获取数据，经过处理之后，再将数据发送。在边缘计算中，边缘设备既是数据的生产者，也是数据的消费者边缘端设备不仅从云处理中心获取服务，还可以执行云处理中心下发的部分计算任务，包括数据储存、处理、缓存、隐私保护等。

5.2.3　基于特征分析的自适应用能策略调整

　　未来，用能主体更趋多元化，能源的形式也是多种多样，能源用户不仅是能源消费者也是能源生产者。因此，其用能需求会更加复杂多变，也更加灵活。随着智能电网技术的发展，可再生能源在能源市场占的比重会越来越大，并且每一个电网内用能主体同时也是可再生能源生产者。比如，光伏发电需具备一定的条件，如果因为天气原因，所产的太阳能不能自给自足，这时就需要加入电网来购买所需的能源。而天气状况往往是可以预测的，因此可以将天气状况当成一个特征加入用能策略模型中去。而且，人工智能、大数据分析等一些新技术日渐成熟，在人们的日常生活中的作用也会越来越明显。将其应用在用能策略模型的建模上，也是未来智慧能源发展的趋势与方向。通过大数据分析技术，可以根据能源用户的用能历史数据来合理地制定个性化的用能策略。这能指导用户合理用能，规范用能行为，提高用能效率，降低能源损耗，减少电费花销。并且，这个用能策略还可以根据能源用户的用电行为的改变而发生实时的更新。

5.2.4 数字能源供应链金融

能源供应链是指在一定条件下，为了满足用户的需要，由原始一次能源开始，一次能源及由其加工转换得到的二次能源流动到冷热电联产厂，再流动到分布式网络中的配送站，最终流动到各个用户的过程。这个过程实现了物流、信息流、资金流的同步运转，它是由多流程、多部门、多资源要素构成的供应链系统，其目标是实现能源的均衡供给。未来能源系统的数字化是大势所趋，针对能源生产、传输、分配和消费的这个产业链的金融支持势必要发生根本性变化。

能源供应链金融中，银行不再局限于供应链上单个企业的资质情况。而核心企业主导的企业生态圈则从供应链角度，将核心企业与融资企业结合起来，为融资企业提供资金支持的一种创新金融业务模式。其中新能源供应链金融以风电、光伏发电产业链中的真实贸易背景为依托，核心企业对与其有直接交易关系的企业进行信用背书，银行为相关中小企业提供融资服务。

5.3 展望

5.3.1 发展阶段和内涵

电力物联网在电力能源行业的建设应用分为三个阶段，即物物互联、信息互动、网络智能，每个阶段的特征及技术内涵介绍如下。

以物联化为特征的第一阶段，解决的是现场数字化的问题，在电网侧以数字化变电站、调度自动化、用电信息采集、配电自动化、智能台区、输变电设备状态在线监测为特征。应该说在电网侧，经过十多年的数字化投入，电网侧已经基本达到了物物互联的要求。整个电网处于"可观测"的水平，即在计算机上实现了"物理电网"向"逻辑电网"的抽象过程，意味着实现了工业4.0的"数字孪生"。在综合能源侧，电力物联网还处于非常初级的阶段，以园区自动化、用电侧数字化为特点,目前存在巨大的数字化瓶颈。这也是未来电力物联网需要突破的环节,但绝非易事。

第二阶段,在电力物联网解决数字化、实现"数字孪生"的前提下,如何利用这些数字为管理价值服务,是信息互动需要解决的问题。简单来说,就是信息化、互动化。在电网侧,通过多轮的信息化投资,目前基本上已经实现了管理信息化,比如生产、营销、调度、财务、安监的信息化水平,都处于行业信息化的领先水平。准确来说,需要解决的问题是数据交互。最典型的就是营销信息化和生产信息化。由于部门专业分割,各自建立了完整的信息和数据系统,导致两套大系统在"互动"这个点上衔接困难,仅停留在有限的信息交互。所以电力物联网把"数据统一、营配贯通、配抢指挥"作为一个重要的落地点,也是希望从根本上实现"One Data""One ID""One Service"的问题。在综合能源服务侧,由于数字化水平极低,因此信息互动这个阶段也处于非常初级的阶段,基本上就是电网公司在 20 世纪八九十年代的水平,远远没有到互动的阶段,连最基本的能源管理信息化都没有实现,大量小系统处于孤岛状态,没有完整的业务标准和信息模型标准。未来,随着能源服务市场化水平、专业化水平的提高,更专业的公司将进入这个领域,从而开辟出更多地提升空间。

网络智能阶段,由于电网侧自然垄断环节的相对封闭性,这个环节主要与数据智能方向结合,比如人工智能的分析、无人机机器人的应用,从而降低人工成本,减少错误决策损失。在综合能源服务侧,则机会较多。一方面是电网企业未来战略可能定位于生态平台的构建,依靠现有巨大的客户资源、电力流和信息流,吸引更多的第三方合作;另一方面随着现货市场的建立完善,未来基于现货价格和增量配网、局域电网乃至微电网,可以构建更多的服务,比如虚拟电厂参与现货和辅助服务交易。因此可以形成网络化的生态体系,以价格信号和服务需求串联起各个主体、环节和平台,最终形成网络生态体。

5.3.2 发展面临的问题

1. 标准化问题

电力物联网是连接所有电力设备、电力运行人员、发电商与用户的开放、共享的网络平台。它提供端到端的及时信息交互服务,打通电力生产运行、检修营销等各环节生成的信息孤岛。它需要改变过去一个厂家包办的封闭式产品设计方式,将数据的传输、管理与应用分层,实现第三方应用软件与服务的即插即用,从而有利于系统的扩展和产品开发的专业化分工，创造电力自动化产品开发与生产的新业态。要想实现这些，离不开数据模型和平台开发的标准化。目前电力物联网缺乏统一组织、统一规划和统一建设，标准化不足，经济性不强，各专业责任不够清晰，对电力物联网的支撑作用也受到制约。

2. 商业模式问题

电力物联网业务形态深入到用户端，需要大量分布式的产销者参与其中，通过加强电力和其他能源的耦合，提高能源综合利用效率，降低社会的整体用能成本。未来跟电相关的一些服务会远远超过我们现在的想象，甚至可能把电的物质属性金融化，改变现在单一买卖电的价差利润模式。但目前的综合能源服务、虚拟电厂、分布式电力市场交易还处于试点甚至实验室开发的阶段。新兴业务除了政府推动之外，还缺乏进一步推广的商业驱动力，尤其缺少民间资本的参与。这一方面与当前电力生产分配体制有关，另一方面也暴露出了商业模式不清晰的问题。

未来电网应以更加开放、更加主动的姿态去接纳新能源和新业务，为各类业务形态参与电力市场提供资本、技术支持和平台服务，从而为诞生更高级的业务形态提供机会。电网通过自身积累的技术和管理力量，规范这些新兴的业务形态，统筹引领行业的可持续发展。

5.3.3 发展建议

电力物联网要在能源互联网建设中发挥更大作用，必须秉持能源互联网开放互联、对等分享的理念，坚持创新驱动。

首先发展能量路由器、边缘控制器等关键装备，促进信息能源基础设施一体化。例如，"三站合一"的构想，将能源站、储能站、数据中心站进行一体化设计，某种程度上就反映了信息能源基础设施一体化的大趋势，进而实现能源流、业务流、数据流的"三流合一"。

其次发展能源互联网能量管理和用户服务平台，形成人、物、信息、价值的聚合，发挥平台效应。例如，综合能源服务要进一步高效发展，必须有电力物联网的平台支撑，否则很难收集碎片化利益，形成规模效益。

最后对内对外实现开放共享，最大限度地创造新价值。能源互联网的价值链不仅仅存在于能源的交易中，还有绿色、低碳、环保等其他方面。可以借助区块链等技术手段，最大限度地进行信息透明和价值梳理，同时与智能交通、智能家居等其他领域跨界结合，创造出新的价值。

本章小结

电力物联网的价值远远不应该局限于能源电力行业，还应该跨界拓展到其他领域。电力无处不在，又有无所不在的 5G 无线通信网或电力无线专网的支持，因此电力物联网可以被利用构建水平互联意义上的物联网。也就是说，任何其他领域的物联网应用都有可能借助电力物联网的平台，进行传感器的接入和应用的接入，而不用考虑通信、计算资源方面的构建以及实时性、安全性等方面的要求。电力物联网对外业务的拓展使得其价值创造的空间巨大，将成为电力行业通过基础设施和平台建设进而带动其他行业发展的典范。

附录 名词术语一览表

序号	英文缩写	英文全称	中文名称
1	AI	Artificial Intelligence	人工智能
2	AR	Augmented Reality	增强现实
3	ANN	Artificial Neural Network	人工神经网络
4	ATM	Automatic Teller Machine	自动取款机
5	API	Application Program Interface	应用程序接口
6	ADSL	Asymmetric Digital Subscriber Line	非对称数字用户线路
7	AON	Active Optical Network	有源光纤通信
8	BP	Back Propagation	反向传播
9	B2B	Business to Business	企业对企业间的电子商务模式
10	B2C	Business to Consumer	商对客电子商务模式
11	B/S	Browser/Server	浏览器 / 服务器
12	C/S	Client/Server	客户端 / 服务器
13	CCHP	Combined Cooling Heating and Power	冷热电三联供
14	CORBA	Common Object Request Broker Architecture	公共对象请求代理体系结构
15	CoAP	The Constrained Application Protocol	CoAP 协议
16	C2C	Consumer to Consumer	个人与个人之间的电子商务模式
17	COTS	Commercial off-the-Shelf	商用现成品或技术
18	CPS	Cyber-Physical Systems	信息物理系统
19	CAT	Control Automation Technology	控制自动化技术
20	DLP	Digital Light Processing	数字光处理技术

续表

序号	英文缩写	英文全称	中文名称
21	DG	Diesel Generator	柴油发电机
22	DES	Data Encryption Standard	数据加密标准
23	DMS	Distribution Management System	配电管理系统
24	DSL	Digital Subscriber Line	数字用户线
25	DSM	Demand Side Management	需求侧管理
26	EMC	Energy Management Company	能源管理公司
27	EMI	Electromagnetic Interference	电磁干扰
28	EMS	Energy Management System	能量管理系统
29	EPON	Ethernet Passive Optical Network	以太无源光网络
30	EEPROM	Electrically Erasable Programmable Read Only Memory	带电可擦可编程只读存储器
31	ESS	Energy Storage System	储能系统
32	EA	Electronic Arts	美国艺电公司
33	EPCIS	Evolved Packet Core Information Services	4G 核心网络信息服务
34	ERP	Enterprise Resource Planning	企业资源计划
35	EV	Electrical Vehicle	电动汽车
36	ES	Expert System	专家系统
37	FA	Feeder Automation	馈线自动化
38	FTU	Feeder Terminal Unit	配电开关监控终端
39	FTP	File Transfer Protocol	文件传输协议
40	FCC	Federal Communications Commission	联邦通信委员会
41	GA	Genetic Algorithms	遗传算法
42	GPON	Gigabit-Capable PON	G 比特无源光接入系统
43	GFS	Google File System	谷歌文件系统
44	GPRS	General Packet Radio Service	通用分组无线服务

续表

序号	英文缩写	英文全称	中文名称
45	GPS	Global Positioning System	全球定位系统
46	GIS	Geographic Information System	地理信息系统
47	HDFS	Hadoop Distributed File System	Hadoop 分布式文件系统
48	HAN	Home Area Network	家域网
49	HEMS	Home Energy Management System	家庭能量管理系统
50	IaaS	Infrastructure as a Service	基础设施即服务
51	IEC	International Electrotechnical Commission	国际电工委员会
52	IDEA	IntelliJ IDEA	Java 语言开发的集成环境
53	IPv6	Internet Protocol Version 6	互联网协议第 6 版
54	IT	Internet Technology	互联网技术
55	IP	Internet Protocol	互联网协议
56	IrDA	Infrared Data Association	红外数据协会
57	IT	Internet Technology	互联网技术
58	KDC	Key Distribution Center	密钥分发中心
59	LAN	Local Area Network	局域网
60	6LoWPAN	IPv6 over Low power Wireless Personal Area Networks	基于 IPv6 的低速无线个域网标准
61	JMS	Java Message Service	Java 消息服务
62	JDBC	Java Database Connectivity	Java 数据库连接
63	JVM	Java Virtual Machine	Java 虚拟机
64	JMS	Java Message Service	Java 消息服务
65	M2M	Machine to Machine	机器与机器
66	MQTT	Message Queuing Telemetry Transport	消息队列遥测传输
67	MEMS	Micro-Electro-Mechanical System	先进的制造技术平台
68	MPP	Massively Parallel Processing	大规模并行处理

序号	英文缩写	英文全称	中文名称
69	MSS	Mobile Support Station	移动基站
70	MU	Mobile Unit	无线网络单元
71	MQ	Message Queue	消息队列
72	NEMS	Nano−Electro Mechanical System	NEMS 纳机电系统
73	NAN	Neighbor Area Network	邻域网
74	NFC	Near Field Communication	近程通信
75	NFS	Network File System	网络文件系统
76	O2O	Online to Offline	线上到线下交易
77	ODBC	Open Database Connectivity	开放数据库连接
78	OFDM	Orthogonal Frequency Division Multiplexing	正交频分复用
79	ONS	Object Name Service	物品名称服务
80	PON	Passive Optical Network	无源光纤通信
81	PLC	Power Line Communication	电力载波通信
82	PaaS	Platform as a Service	平台即服务
83	PAN	Personal Area Network	个域网
84	PCC	Point of Common Coupling	公共连接点
85	PC	Personal Computer	个人计算机
86	PDA	Personal Digital Assistant	个人数字助手
87	PIN	Personal Identification Number	个人标识号
88	PPP	Public−Private Partnership	3P 模式或 P3
89	PMU	Phasor Measurement Unit	相量量测单元
90	RFID	Radio Frequency Identification	射频识别
91	RPC	Remote Procedure Call	远程过程调用
92	RTU	Remote Terminal Unit	远程终端单元
93	REST	Representational State Transfer	表述性状态传递

序号	英文缩写	英文全称	中文名称
94	SA	Simulated Annealing	模拟退火
95	SaaS	Software as a Service	软件即服务
96	SCADA	Supervisory Control and Data Acquisition	数据采集与监视控制系统
97	SDH	Synchronous Digital Hierarchy	同步数字体系
98	SIM	Subscriber Identification Module	用户身份识别卡
99	SDK	Software Development Kit	软件开发包
100	SCADA	Supervisory Control and Data Acquisition	数据采集与监视控制系统
101	TCP	Transmission Control Protocol	传输控制协议
102	SVM	Support Vector Machine	支持向量机
103	UCLA	University of California, Los Angeles	加州大学洛杉矶分校
104	UPS	Uninterruptible Power System	不间断电源
105	UWB	Ultra Wideband	超宽带
106	URI	Universal Resource Identifier	统一资源标识
107	UAP	Unified Application Platform	统一应用平台
108	VR	Virtual Reality	虚拟现实
109	WAMS	Wide Area Measurement System	广域监测系统
110	WAN	Wide Area Network	广域网
111	WLAN	Wireless Local Area Networks	无线局域网
112	XML	Extensible Markup Language	可扩展标记语言

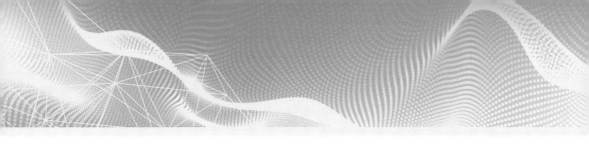

参考文献

[1] 汪洋，苏斌，赵宏波.电力物联网的理念和发展趋势.电信科学.2010，12A.

[2] 韩英铎，余贻鑫.未来的智能电网就是能源互联网.中国战略新兴产业，2014（22）.

[3] Junwei C，Mingbo Y.Energy Internet towards smart grid 2.0[C].Fourth International Conference on Networking and Distributed Computing（ICNDC），2013.

[4] Huang A Q，Crow M L，Heydt G T，et al.The Future renewable electric energy delivery and Management（FREEDM）System.The Energy Internet[J].Proceedings of the IEEE，2011，99（1）：133–148.

[5] Yi X，Jianhua Z，Wenye W，et al.Energy router：Architectures and functionalities toward energy Internet[C].IEEE International Conference on Smart Grid Communications，2011.

[6] 曹军威，杨明博，张德华，等.能源互联网——信息与能源的基础设施一体化[J].南方电网技术，2014，08（04）：1–10.

[7] 查亚兵，张涛，黄卓，等.能源互联网关键技术分析[J].中国科学：信息科学，2014，44（06）：702–713.

[8] 徐秋玲.发展能源互联网是大势所趋[N].中国电力报，2014，12（08）.

[9] 王继业，郭经红，曹军威，等.能源互联网信息通信关键技术综述[J].智能电网，2015，3（6）：473–485.

[10] Wang X W，Dang Q，Guo J L，et al. RFID Application of smart grid for asset management[J]. International Journal OF Antennas and Propagation，2013.

[11] 曹文霞，刘畅.基于 RFID 技术的智能电网远程信息管理系统的构建[J].电源技术，2014（09）：1741–1742.

[12] Zou Q，Qin L，Ma Q.The application of the Internet of Things in the smart grid[C].International Conference on Electrical Engineering and Automatic Control，2010.

[13] Washiro T.Applications of RFID over power line for smart grid[C].16th IEEE International Symposium on Power Line Communications and Its Applications（ISPLC），2012：83–87.

[14] 荆孟春，王继业，程志华，等.电力物联网传感器信息模型研究与应用[J].电网技术，2014（02）：532–537.

[15] Bin H，Gharavi H.Greedy backpressure routing for smart grid sensor networks[C].IEEE 11th Consumer Communications and Networking Conference（CCNC），2014：32–37.

[16] Yufei W，Weimin L，Tao Z.Study on security of wireless sensor networks in smart grid[C]. International Conference on Power System Technology，2010：1–7.

[17] Asad O，Erol-Kantarci M，Mouftah H.Sensor network web services for demand-side energy management applications in the smart grid[C].IEEE Consumer Communications and Networking Conference（CCNC），2011：1176-1180.

[18] Panchadcharam S，Taylor G A，Ni Q，et al.Performance evaluation of smart metering infrastructure using simulation tool[C].47th International Universities Power Engineering Conference（UPEC），2012：1-6.

[19] Wen MHF，Li VOK.Optimal phasor data concentrator installation for traffic reduction in smart grid wide-area monitoring systems[C].IEEE Global Communications Conference（GLOBECOM），2013：2622-2627.

[20] Kun Z，Al-Hammouri A T，Nordstrom L.To concentrate or not to concentrate：Performance analysis of ICT system with data concentrations for Wide-area Monitoring and Control Systems[C].IEEE Power and Energy Society General Meeting，2012：1-7.

[21] Tang G Q.Smart grid management & visualization：Smart power management system[C].8th International Conference & Expo on Emerging Technologies for a Smarter World（CEWIT），2011：1-6.

[22] Yu X.Interplay of smart grids and intelligent systems and control[C].International Conference on Power Engineering，Energy and Electrical Drives（POWERENG），2011：1.

[23] 张淑娟.基于 BPM 企业信息管理系统的设计与实现 [J].湖北科技学院学报，2014（03）：42-43.

[24] 王玉娟.基于 SOA 的科技管理 BPM 平台设计与实现 [J].计算机科学，2013（S2）：423-425.

[25] 佘智勇.基于 PKI 技术的身份和权限的统一认证 [D].西安电子科技大学，2006.

[26] 赵晶，马宁，王桂茹，等.调度数据网与配网数据传输网的统一数据交换机制 [J].企业改革与管理，2015（02）：166-167.

[27] 王德文，阎春雨，毕建刚，等.输变电状态监测系统的分布式数据交换方法 [J].电力系统自动化，2012，36（22）：83-88.

[28] 祁晓笑.数据挖掘在电力系统暂态稳定评估中的应用 [D].西安理工大学，2005.

[29] 徐志国.人工智能（AI）在电力系统中的应用 [J].现代电子技术，2006（21）：147-150.

[30] 王同文，管霖，张尧.人工智能技术在电网稳定评估中的应用综述 [J].电网技术，2009（12）：60-65.

[31] 李扬.电力系统负荷分析预测 [D].河北大学，2010.

[32] 徐珂航.无线通信技术在电力系统的应用 [J].通讯世界，2013（21）：122-123.

[33] Miyahara Y.Next-generation wireless technologies trends for ultra low energy[C].2011 International Symposium on Low Power Electronics and Design（ISLPED），2011：345-345.

[34] Wang J，Cheng Z，Guo J.Distributed IPv6 sensor network networking method based on dynamic regional agents[C].The 2013 International Workshop on Mobile Cloud Computing（MCC2013），2013.

[35] http://www.geni.net/[Z].

[36] http://www.euchina-fire.eu/[Z].

[37] Goodney A，Kumar S，Ravi A，et al.Efficient PMU networking with software defined networks[C].2013 IEEE International Conference on Smart Grid Communications（Smart Grid Comm），2013：378-383.

[38] Dorsch N，Kurtz F，Georg H，et al.Software-defined networking for smart grid communications：Applications，challenges and advantages[C].2014 IEEE International Conference on Smart Grid Communications，2014：422-427.

[39] 朱征，顾中坚，吴金龙，等.云计算在电力系统数据灾备业务中的应用研究[J].电网技术，2012（09）：43-50.

[40] 王继业，程志华，彭林，等.云计算综述及电力应用展望[J].中国电力，2014（07）：108-112.

[41] Chen C，Zhang C Y.Data-intensive applications，challenges，techniques and technologies：A survey on Big Data[J].Information Sciences，2014，275：314-347.

[42] 宋亚奇，周国亮，朱永利.智能电网大数据处理技术现状与挑战[J].电网技术，2013(04)：927-935.

[43] Dimakis A G，Godfrey P B，Wu Y，et al.Network coding for distributed storage systems[J].IEEE Transactions on Information Theory，2010，56（9）：4539-4551.

[44] Dimakis A G，Ramchandran K，Wu Y，et al.A survey on network codes for distributed storage[J].Proceedings of the IEEE，2011，99（3）：476-489.

[45] 张健.电力企业核心业务数据存储方案设计[D]，电子科技大学，2010.

[46] 张冬，陈日罡.信息安全防御技术探讨[J].自动化仪表，2019，40（6）：108-113.

[47] 朱立群.核电厂工控系统信息安全防御技术探讨[J].自动化仪表，2019，40（6）：98-101.

[48] Juels A，Jr.Kaliski B S.PORs：Proofs of retrievability for large files.[J].IACR Cryptology ePrint Archive，2007.

[49] Shacham H，Waters B.Compact proofs of retrievability[J].IACR Cryptology ePrint Archive，2008.

[50] 林闯，彭雪海.可信网络研究[J].计算机学报，2005（05）：751-758.

[51] 王珊.电力信息建模的理论与实践[D].浙江大学，2008.

[52] 王家凯，王继业.基于IEC标准的电力企业公共数据模型的设计与实现[J].中国电力，2011（02）：87-90.

[53] 孙宏斌，郭庆来，潘昭光.能源互联网：理念，架构与前沿展望[J].电力系统自动化，2015，39（19）：1-8.

[54] Energy U D.Grid 2030-A national vision for electricity's second 100 years[J].US Department Energy，Tech.Rep.，2003.

[55] 贾宏杰，王丹，徐宪东，等.区域综合能源系统若干问题研究[J].电力系统自动化，2015，39（7）：198-207.

[56] 孙西辉 . 低碳经济时代的美国新能源战略析论 [J]. 理论学刊，2011（9）：60–63.

[57] 梅生伟，朱建全 . 智能电网中的若干数学与控制科学问题及其展望 [J]. 自动化学报，2013，39（2）：119–131.

[58] HUANG A Q.FREEDM System – A vision for the future grid [C]. IEEE Power and Energy Society General Meeting, 2010：1–4.

[59] Huang A Q, Crow M L, Heydt G T, et al.The future renewable electric energy delivery and management（FREEDM）System：The Energy Internet [J]. Proceedings of the IEEE 99（1），2011，12（17）：133–148.

[60] Xu Y, Zhang J H, Wang W Y, et al.Energy router：architectures and functionalities toward energy Internet [C]. 2011 IEEE International Conference on Smart Grid Communications，2011：31–36.

[61] Zhang JH, Wang WY, Bhattacharya, S.Architecture of solid state tranformer–based energy router and models of energy traffic[C]. Proc.2012 IEEE PES Innovative Smart Grid Technologies，2012：1–8.

[62] K ATZ R H, Culler D E, Sanders S, et al.An Information centric energy infrastructure：The Berkeley View [J].Sustainable Computing：Informatics and Systems，2011，1（1）：7–22.

[63] LaMonica M.A Startup's smart batteries reduce buildings' electric bills，MIT Technology Review，2012（11）.

[64] Vermesan O, Blystad LC, Zafalon R.Zafalon A, et al.Internet of energy – connecting energy anywhere anytime[C]//Meyer G, Valldorf J.Advanced Microsystems for Automotive Applications，Springer–Verlag，2011.

[65] Perrod P F, Geidl M, Klokl B, et al.A Vision of future energy networks [C].Proc.Power Engineering Society Inaugural Conf and Expo in Africa，2005：13–17.

[66] Geidl M, Klol B, Koeppel G, et al.Energy hubs for the futures[J].IEEE power & Energy Magazine，2007（1）：24–30.

[67] Ghaemi A, Hojiat M, Javidi M H.Introducing a new frame–work for management of future distribution networks using potentials of energy hubs[C].2nd Iranian Conference on Smart Grids，2012：1–7.

[68] Schulze M, Friedrich L, Gautschi M.Modeling and optimization of renewables：applying the energy hub approach[C].2008 IEEE International Conference on Sustainable Energy Technologies，2008：83–88.

[69] Boyd J.An Internet inspired electricity grid[C]. IEEE Spectrum，2013：12–14.

[70] 查亚兵，张涛，黄卓，等 . 能源互联网关键技术分析 [J]. 中国科学：信息科学，2014，44（6）：702–713.

[71] 查亚兵，张涛，谭树人，等 . 关于能源互联网的认识与思考 [J]. 国防科技，2012（5）：1–6.

[72] 余贻鑫，秦超 . 智能电网基本理念阐释 [J]. 中国科学：信息科学，2014，44（6）：694–701.

[73] 慈松，李宏佳，陈鑫，等．能源互联网重要基础支撑：分布式储能技术的探索与实践 [J].中国科学：信息科学，2014，44（6）：762-773.

[74] Smarr L，Catllet C E.Metacomputing [J].Communications of the ACM，1992，35（6）：44-52.

[75] Foster I，Kesslman C.The grid：blue print for a new computing infrastructure [M].Morgan-Kaufmann，1998.

[76] Zhang LJ，Zhang J，Cai H.Services computing[M]//Tsinghua University Press.Springer Verlag，2007.

[77] Byyya R，Yeo C S，Venngopala S，et al.Cloud computing and emerging IT platforms：vision，hype，and reality for delivering computing as the 5th Utility，Future Generation Computer Systems [J].Future Generation Computer Systems.2009，25（6）：599-616.

[78] 何剑军．地区电网配电自动化最佳实践模式研究 [D].华南理工大学，2011.

[79] 闫刚．GPRS 在配电自动化中的应用 [D].吉林大学，2006.

[80] 丁文涛．地区电网配电自动化系统的建设目标及对通信系统的要求分析 [J].山东工业技术，2013（09）：81-82.

[81] 陆平．西安市配电自动化系统综合信息网解决方案 [D].西安科技大学，2005.

[82] 邵素强．传感控制平台的即插即用的方法与实现 [D].南京邮电大学，2015.

[83] 徐磊．基于 RFID 物联网技术的智能电网设备管理系统研究 [D].华北电力大学，2016.

[84] 李勋，龚庆武，乔卉．物联网在电力系统的应用展望 [J].电力系统保护与控制，2010，38（22）：232-236.

[85] 冀洋．配电网自动化通信系统的研究 [D].天津大学，2017.

[86] 徐一鸣．面向电力物联网的通信技术研究 [D].华北电力大学（北京），2016.

[87] 梁玉泉．GPRS 通信技术在配电网自动化中的应用研究 [D].华北电力大学（河北），2004.

[88] 杨宁，罗华永，李兴，尚枫，陈涛，王国霞．电力云资源池基础架构的设计和实施 [J].电信科学，2017，33（03）：142-147.

[89] 张晓亮．基于虚拟化与分布式技术的电力云计算数据中心 [A]// 中国电机工程学会电力信息化专业委员会、国家电网有限公司信息通信分公司.2016电力行业信息化年会论文集[C]，2016.

[90] 刘建明，赵子岩，季翔．物联网技术在电力输配电系统中的研究与应用 [J].物联网学报，2018，2（01）：88-102.

[91] 程哲旭．物联网安全问题分析 [J].数字通信世界，2017（12）.

[92] 陈乔敬，耿望阳．基于物联网和云计算的智能建筑顶层设计的思考 [J].智能建筑，2016(8)：13-14.

[93] 莫炜，赵洁．物联网技术在油田生产的应用 [J].硅谷，2012（3）：158-159.

[94] 金华成．物联网技术的应用与发展 [J].无线互联科技，2015（1）：67-67.

[95] 耿晓军．国务院副总理首提物联网强调"四个关系，五个着力"[J].物联网技术，2014（3）：3-3.

[96] 李海霞. 物联网感知数据传输的安全多方计算关键技术研究 [D]. 中国地质大学，2017.

[97] 魏东东. 传感器在物联网中的应用 [J]. 数字技术与应用，2018，36（08）：54-56.

[98] 邬贺铨，邓中翰，杨震，等. 两会代表话"物联" [J]. 中国自动识别技术，2013（2）.

[99] 刘基陆，杨锐雄，程乔. 物联网业务感知分析及优化思路的探讨 [J]. 广西通信技术，2017，No.129（04）：29-33.

[100] 应辉辉. 县级城市"政用产学研"协同创新对策研究——以瑞安市为例 [J]. 今日科技，2017（5）.

[101] 田光曙. 基于 modelica 的信息物理融合系统的建模方法 [D]. 广东工业大学，2014.

[102] 许少伦，严正，张良，等. 信息物理融合系统的特性、架构及研究挑战 [J]. 计算机应用，2013，33（S2）：1-5.

[103] 梁雪辉. 信息物理融合系统的时空分析及推理 [D]. 广东工业大学，2014.

[104] 刘东，盛万兴，王云，等. 电网信息物理系统的关键技术及其进展 [J]. 中国电机工程学报，2015，35（14）：3522-3531.

[105] Lee E A，Seshia S A.Introduction to embedded systems：A cyberphysical systems Approach[M]. Beijing：China Machine Press，2012.

[106] 王丽安. Internet 云计算技术 [J]. 科协论坛（下半月），2011（10）：68-69.

[107] 刘琨. 云计算负载均衡策略的研究 [D]. 吉林大学，2016.

[108] 彭好佑，傅翠玉，姚坚，等. 云计算综述 [J]. 福建电脑，2018.

[109] 刘国乐，何建波，李瑜.Xen 与 KVM 虚拟化技术原理及安全风险 [J]. 保密科学技术，2015（4）：24-30.

[110] 廖春琼，孔德华. 云计算的应用 [J]. 通讯世界：下半月，2016（7）：45-45.

[111] 肖颖，周靖. 电力物联网环境下一种有效的云数据安全策略 [J]. 信息技术与信息化，2015（4）：54-55，65.

[112] 彭启颖. 分布式的电力云存储系统的优势分析和可行性研究 [J]. 通讯世界，2015（6）：172-173.

[113] 林海文. 大数据研究综述 [J]. 电脑知识与技术，2015，11（26）：1-2.

[114] 郭凡礼. 开放大数据为美国医疗带来巨额财富 [J]. 健康管理，2014（7）：31-32.

[115] 樊丽杰，杨会丽，张代立. 移动计算技术及其应用 [J]. 河北省科学院学报，2010，27（4）：21-25.

[116] 陶建辉. 打造泛在电力物联网大数据平台 [J]. 国家电网，2019（4）：64-65.

[117] 阳锐，刘娜，李俊珠，等. 泛在电力物联网大数据平台架构及应用探讨 [J]. 邮电设计技术，2019（9）：25-30.

[118] 韦新运，赵连斌，侯宇宁，等. 移动计算技术在电力系统的应用 [J]. 电子技术与软件工程，2017（2）：142-142.

[119] 魏峻，冯玉琳. 移动计算形式理论分析与研究 [J]. 计算机研究与发展，2000，37（2）：129-139.

[120] 张建敏，谢伟良，杨峰义，等.移动边缘计算技术及其本地分流方案 [J].电信科学，2016，32（7）.

[121] 安星硕，曹桂兴，苗莉，等.智慧边缘计算安全综述 [J].电信科学，2018，34（07）：141-153.

[122] 吕华章，陈丹，范斌，等.边缘计算标准化进展与案例分析 [J].计算机研究与发展，2018，55（3）：487-511.

[123] 洪学海，汪洋.边缘计算技术发展与对策研究 [J].中国工程科学，2018，20（02）：28-34.

[124] 伏冬红，刘丹，施贵军，等.基于电力物联网计算实现脱网应急通信的方法 [J].电信科学，34（3）：183-191.

[125] 孙浩洋，张冀川，王鹏，等.面向配电物联网的边缘计算技术 [J].电网技术，2019，43（12）：41-44.

[126] 唐华锦，陈汉平.人工智能技术（AI）在电力系统中的应用研究 [J].电力建设，2002，23（1）.

[127] 袁勇，王飞跃.区块链技术发展现状与展望 [J].自动化学报，2016，42（4）：481-494.

[128] 钟华平.区块链基础技术及其潜在应用探讨 [J].无线互联科技，2018，138（14）：135-136.

[129] 周学广.信息安全学 [M].北京：机械工业出版社，2008.

[130] 赵锐.电力信息系统的信息安全技术 [J].电子技术与软件工程，2013（22）：249-249.

[131] 刘华.信息安全在国家电网的应用 [J].科技与企业，2014（14）：155.

[132] 徐亮.嵌入式加密卡设计 [D].大连海事大学，2009.

[133] Cao J（Ed.）.Cyberinfrastructure technologies and applications［M］.New York：Nova Science Publishers，2009.

[134] Lee EA.Computing foundations and practice for cyber-physical systems：A preliminary report，technical report No.UCB/EECS-2007-72［R］.Electrical Engineering and Computer Sciences，University of California at Berkeley，2007.

[135] Wan Y，Cao J，Zhang S，et al.An integrated cyber-physical simulation environment for smart grid applications［J］.Tsinghua Science and Technology，Special Section on Smart Grid，2014，19（2）：133-143.

[136] Wang J，Meng K，Cao J，et al.Electricity services based dependability model of power grid communication networking［J］.Tsinghua Science and Technology，Special Section on Smart Grid，2014，19（2）：121-132.

[137] 曹军威，万宇鑫，涂国煜，等.智能电网信息系统体系结构研究 [J].计算机学报，2013，36（01）：143-167.

[138] 胡新和，杨博雄.一种开放式的泛在网络体系架构与标准化研究 [J].信息技术与标准化，2012（08）：61-64.

[139] C. Wang，X. Li，Y. Liu and H. Wang，The research on development direction and points in IoT in China power grid[C].2014 International Conference on Information Science，Electronics and Electrical Engineering，Sapporo，2014：245–248.

[140] G. Bedi，G.K. Venayagamoorthy，R.Singh，R.R.Brooks and K.Wang.Review of Internet of Things（IoT）in electric power and energy systems[J]. IEEE Internet of Things Journal，2018，5（2）：847–870.

[141] S.E.Collier，The emerging enernet：convergence of the smart grid with the Internet of Things[J]// IEEE Industry Applications Magazine，2017，23（2）：12–16.

[142] Oppitz M.，Tomsu P. Internet of Things[M].Inventing the Cloud Century.Springer，Cham，2018.

[143] Kramp T.，van Kranenburg R.，Lange S. Introduction to the Internet of Things[M]//Bassi A.et al.（eds）Enabling Things to Talk.Springer，Berlin，Heidelberg，2013.

[144] Chaouchi H.，Bourgeau T.，Kirci P. Internet of Things：from real to virtual world[M]// Chilamkurti N.，Zeadally S.，Chaouchi H.（eds）. Next generation wireless technologies. Computer Communications and Networks.Springer，London，2013.

[145] 徐明仿，晏刚，杜维明，吴业正.天然气冷热电三联产系统的应用分析[J].天然气工业，2004（08）：92–95+136.

[146] 程林，刘琛，朱守真，田浩，沈欣炜.基于多能协同策略的能源互联微网研究[J].电网技术，2016，40（01）：132–138.

[147] B.Ramprasad，J.McArthur，M.Fokaefs，C.Barna，M.Damm and M.Litoiu.Leveraging existing sensor networks as IoT devices for smart buildings[C].2018 IEEE 4th World Forum on Internet of Things（WF–IoT），Singapore，2018：452–457.

[148] D.Lestari，I.D.Wahyono and I.Fadlika. IoT based electrical rnergy consumption monitoring system prototype：Case study in G4 Building Universitas Negeri Malang[C].2017 International Conference on Sustainable Information Engineering and Technology（SIET），Malang，2017：342–347.

[149] G.Zhang et al.Building electrical equipment Internet of Things with applications to energy saving[C].2014 International Conference on Mechatronics and Control（ICMC），Jinzhou，2014：1022–1026.

[150] A.Avotins，A.Senfeids，P.Apse–Apsitis and A.Podgornovs. IoT solution approach for energy consumption reduction in buildings：Part 1.Existing situation and problems regarding electrical consumption[C].2017 IEEE 58th International Scientific Conference on Power and Electrical Engineering of Riga Technical University（RTUCON），Riga，2017：1–7.

[151] A.Avotins，A.Senfelds，A.Nikitenko，A.Podgornovs，K.Zadeiks and M.Dzenis.IoT solution approach for energy consumption reduction in buildings：Part 3.Mathematical Model of Building and Experimental Results[C].2018 IEEE 59th International Scientific Conference on Power and Electrical Engineering of Riga Technical University（RTUCON），Riga，Latvia，2018：1–8.

[152] S.Divyapriya，Amutha and R.Vijayakumar.Design of residential plug-in electric vehicle charging station with time of use Tariff and IoT technology[C].2018 International Conference on Soft-computing and Network Security（ICSNS），Coimbatore，2018：1-5.

[153] W.Xiang，T.Kunz and M.St-Hilaire.Controlling electric vehicle charging in the smart grid[C].2014 IEEE World Forum on Internet of Things（WF-IoT），Seoul，2014：341-346.

[154] A.O.Hariri，M.E.Hariri，T.Youssef and O.Mohammed.A decentralized multi-agent system for management of en route electric vehicles[C].SoutheastCon 2018，St.Petersburg，FL，2018：1-6.

[155] Nasim Sahraei，Erin E.Looney，Sterling M.Watson，Ian Marius Peters，Tonio Buonassisi. Adaptive power consumption improves the reliability of solar-powered devices for Internet of Things[J].Applied Energy，2018（224）：322-329.

[156] Nasim Sahraei，Sterling Watson，Sarah Sofia，Anthony Pennes，Tonio Buonassisi，Ian Marius Peters.Persistent and adaptive power system for solar powered sensors of Internet of Things（IoT）[J].Energy Procedia，2017（143）：739-741.

[157] G.Bedi，G.K.Venayagamoorthy and R.Singh.Internet of Things（IoT）sensors for smart home electric energy usage management[C].2016 IEEE International Conference on Information and Automation for Sustainability（ICIAfS），Galle，2016：1-6.

[158] 刘军，陈实.面向电网智能管控的电力信息系统研究[J].电力大数据，2018，21（09）：67-70.

[159] 罗义钊.基于 IAP 云平台的电力物联网[J].电子测试，2017（20）：50-51.

[160] Saleem Y，Crespi N，Rehmani M H，et al.Internet of things-aided smart grid：technologies，architectures，applications，prototypes，and future research directions[J].arXiv：Networking and Internet Architecture，2017.

[161] 钱澄浩，张静.智慧电厂建设研究[J].四川电力技术，2017，40（05）：87-90+94.

[162] 慕小斌，陈国良，孙丽兵，王久和，孙凯.微网电能质量新特性及其治理方案综述[J].电源技术，2015，39（09）：2041-2044.

[163] 王君安，高红贵，颜永才，易艳春.能源互联网与中国电力企业商业模式创新[J].科技管理研究，2017，37（08）：26-32.

[164] Jeon B，Kand B，et al.Modeling of electronic appliance usage pattern and implementation of user centric flexible energy management system applying adaptive energy saving policy［C］.2012 IEEE International Conference on Wireless Information Technology and Systems（ICWITS），2012：1-4.

[165] Chen Xiangting，Zhou Yuhui，Duan Wei，et al.Design of intelligent demand side management system respond to varieties of factors[C].2010 China International Electricity Distribution（CICED），2010：1-5.

[166] Vallve X，Graillot A，Gual S，et al.Micro storage and demand side management in distributed

PV grid–connected installations[C].2007 9th International Conference on Electrical Power Quality and Utilisation，2007：1–6.

[167] 郭兵.电力需求侧管理下负荷优化管理研究 [D].华北电力大学，2015.

[168] 高赐威，陈曦寒，陈江华，徐杰彦.我国电力需求响应的措施与应用方法 [J].电力需求侧管理，2013，15（01）：1–4+6.

[169] 王建星，韩文花.我国电力需求侧管理的现状分析及政策建议 [J].广东电力，2013，26（07）：1–5.

[170] 王蓓蓓，李扬，高赐威.智能电网框架下的需求侧管理展望与思考 [J].电力系统自动化，2009，33（20）：17–22.

[171] 董萌萌.基于峰谷电价的需求响应效果评价 [D].华北电力大学，2014.

[172] 杨溯.EMC 机制在工业系统节能领域的运用 [J].节能与环保，2003（10）：46–47.

[173]《供电监管办法》释义摘登（八）[J].大众用电，2011，27（02）：5–6.

[174] 张兴霖.智能电网基于物联网的信息化建设 [J].现代工业经济和信息化，2017，7（15）：53–55.

[175] 夏冰.关于电力物联网信息模型及通信协议的设计要点分析 [J].通信电源技术，2016，33（03）：119–120.

[176] 赵力钊，等.基于 IEC 61850 的电力物联网的建模与实现 [A]// 中国卫星导航定位协会.卫星导航定位与北斗系统应用 2017——深化北斗应用　开创中国导航新局面.北京：测绘出版社，2017：5.

[177] J.Liu，X.Li，X.Chen，Y.Zhen and L.Zeng.Applications of Internet of Things on smart grid in China[C].13th International Conference on Advanced Communication Technology（ICACT2011），Seoul，2011：13–17.

[178] 曹军威，孙嘉平.能源互联网与能源系统 [M]，中国电力出版社，2016.

[179] 吴许均，侯蕾.能源期货合约推出成败的决定因素 [J].上海金融，2004（08）：12–13.

[180] 刘敦楠，曾鸣，黄仁乐，吉立航，陈启鑫，段金辉，李源非.能源互联网的商业模式与市场机制（二）[J].电网技术，2015，39（11）：3057–3063.

[181] 毛庆秋，李道辉，余灵静，段进东.能源互联网金融的特质及其平台构建 [J].中国经贸导刊（理论版），2017（23）：19–21.

[182] 刘璐，查娜，黄旭东.互联网金融与绿色金融的有机结合——以新能源互联网金融平台为例 [J].商场现代化，2017（07）：148–149.

[183] 王颖.互联网金融对能源互联网的影响研究 [J].神华科技，2016，14（05）：8–10+15.

[184] 冯相赛，某屋顶光伏电站的设计与运行情况分析 [J].电力与能源，2016，37（6）：750–753.

[185] 卫志农，余爽，孙国强，孙永辉，王丹.虚拟电厂欧洲研究项目述评 [J].电力系统自动化，2013，37（21）：196–202.

[186] 刘世成，韩笑，王继业，张东霞，朱朝阳，邓春宇，王晓蓉."互联网 +"行动对电力工

业的影响研究 [J]. 电力信息与通信技术，2016，14（04）：27-34.

[187] 陈一民，李启明，马德宜，等. 增强虚拟现实技术研究及其应用 [J]. 上海大学学报：自然科学版，2011（4）：412-428.

[188] 李世国. 物联网时代的智慧型物品探析 [J]. 包装工程，2010，31（4）：50-53.

[189] 胡泽春，宋永华，徐智威，等. 电动汽车接入电网的影响与利用 [D].2012.32（4）：1-11.

[190] 杜丹，刘谊. 储能在新能源、分布式电源与电网协调发展中的作用 [J]. 大众科技，2019，21（01）：14-16.

[191] 任健铭，王星星，杨晟. 基于互联网 + 智能家居的智能和用能策略研究 [J]. 住宅与房地产，2016（15）.

[192] 云晴. 从海外案例看边缘计算云计算与物联网的场景化创新之旅 [J]. 通信世界，2018（12）：41-42.

[193] 李彬，贾滨诚，陈宋宋，等. 边缘计算在电力供需领域的应用展望 [J]. 中国电力，2018，51（11）：154-162.

[194] 张新昌，周逢权. 智能电网引领智能家居及能源消费革新 [J]. 电力系统保护与控制，2014（5）：59-67.